Tobias Bernhart

Methodik zur Konzeption und Auslegung von Radbremsen für PKW mit elektrischem Antriebsstrang

Kraftfahrzeugtechnische Berichte

Herausgegeben von Prof. Dr. Klaus Augsburg
Fachgebiet Kraftfahrzeugtechnik an der
TU Ilmenau

Band 9

Methodik zur Konzeption und Auslegung von Radbremsen für PKW mit elektrischem Antriebsstrang

Tobias Bernhart

Universitätsverlag Ilmenau

2019

Impressum

Bibliografische Information der Deutschen Nationalbibliothek
Die Deutsche Nationalbibliothek verzeichnet diese Publikation in der Deutschen Nationalbibliografie; detaillierte bibliografische Angaben sind im Internet über http://dnb.d-nb.de abrufbar.

Diese Arbeit hat der Fakultät für Maschinenbau der Technischen Universität Ilmenau als Dissertation vorgelegen.

Tag der Einreichung:	12. Dezember 2017
1. Gutachter:	Univ.-Prof. Dr.-Ing. Klaus Augsburg (Technische Universität Ilmenau)
2. Gutachter:	Univ.-Prof. Dr.-Ing. Ralph Mayer (Technische Universität Chemnitz)
3. Gutachter:	Dr.-Ing. Christoph Böhm (Daimler AG, Sindelfingen)
Tag der Verteidigung:	19. September 2018

Technische Universität Ilmenau/Universitätsbibliothek
Universitätsverlag Ilmenau
Postfach 10 05 65
98684 Ilmenau
https://www.tu-ilmenau.de/universitaetsverlag

ISSN 1865-0880 (Druckausgabe)
ISBN 978-3-86360-194-2 (Druckausgabe)
URN urn:nbn:de:gbv:ilm1-2018000467

Titelfoto: Veit Henkel | Fakultät für Maschinenbau, TU Ilmenau

Kurzfassung

Angesichts der steigenden Elektrifizierung des Antriebsstrangs, schärferen gesetzlichen Anforderungen, beispielsweise hinsichtlich Feinstaubemissionen, sowie der stärkeren Entlastung des Fahrers durch weiterentwickelte, intelligente Assistenzsysteme und automatisiertes Fahren, steht die Automobil- und Zuliefererindustrie vor neuen Herausforderungen.

In der vorliegenden Arbeit werden Methoden zur Konzeption und Auslegung von Radbremsen für PKW mit elektrischem Antriebsstrang entwickelt. Durch die Rückgewinnung kinetischer Energie beim Bremsvorgang (Rekuperation) wird die Radbremse thermisch entlastet. Jedoch sind derzeit keine automobilen Serienanwendungen bekannt, bei denen komplett auf die konventionelle Reibbremse verzichtet werden kann. Nach der Definition des Forschungsbedarfs werden, basierend auf der systematischen Evaluierung der Rückwirkungen der Rekuperation auf die thermische Belastung der Radbremsen und der Quantifizierung des Verschleißverhaltens, Empfehlungen zur konstruktiven Ausführung der Radbremsen abgeleitet. Bei der Quantifizierung der thermischen Beanspruchung werden sowohl leistungsorientierte Tests als auch die alpine Passabfahrt und kundennahe Fahr- und Verbrauchszyklen berücksichtigt. Das Verschleißverhalten der Radbremsen wird am Schwungmassenprüfstand und durch eine Feldstudie untersucht. Mit Blick auf die steigenden Vorgaben an die Reduktion des CO_2-Ausstoßes und der Feinstaubemissionen ergeben sich neue Sichtweisen bezüglich der Dimensionierung in Richtung Leichtbau durch Downsizing und neuer Auslegungszyklen, nachdem das Kundennutzungsverhalten an den aktuellen Standards der Bremsenentwicklung gespiegelt wurde. Die Entwicklungstrends auf dem Gebiet des elektrischen Antriebsstrangs, die Wirtschaftlichkeit, die gesetzlichen Rahmenbedingungen und die Anforderungen der Märkte werden in die Methodik integriert.

Durch die detaillierten Betrachtungen wird ein Beitrag zur energieeffizienten Auslegung eines PKW mit elektrischem Antriebsstrang geleistet und ein Ansatzpunkt zur Vermeidung von Überdimensionierungen am Beispiel der Radbremse aufgezeigt.

Abstract

In view of the efforts to increase the electrification of the powertrain, ever stricter legal requirements regarding, for instance, fine dust emissions, and the increasing relief of drivers offered by enhanced intelligent assistance systems and autonomous driving, the automotive industry and their suppliers are facing new challenges.

This thesis develops methodical approaches for the conceptual design and dimensioning of wheel brakes for vehicles using an electric powertrain. By recovering kinetic energy during a braking process (recuperation) the thermal load on the wheel brakes is reduced. At present, however, no automotive series applications operating completely without any conventional friction brakes are known. After defining the scope of research, recommendations on the design of wheel brakes will be derived, based on the systematical evaluation of the recuperation effects on the thermal load of the wheel brakes and the quantification of the wear behavior. For quantifying the thermal load, performance tests as well as alpine downhill drives and the customer oriented driving cycles, including consumption driving cycles, were taken into account. The wear behavior of the wheel brakes was investigated by means of an inertia dynometer and a field study. After comparing customer usage behavior with the current standards of brake development new perspectives for lightweight construction - meaning downsizing - and for new driving cycles arose in view of the increasing requirements for reducing CO2 and fine dust emissions. Development trends in the field of electric powertrains, profitability, legal framework conditions and market requirements were all integrated into the methodology.

As a result of the detailed considerations a contribution for an energy-efficient design of a vehicle with an electric powertrain is made and, using the wheel brake as an example, a starting point for avoiding oversizing is presented.

Vorwort

Diese Arbeit entstand während meiner Tätigkeit als externer Doktorand bei der Daimler AG in Sindelfingen.

Mein besonderer Dank gilt an erster Stelle meinem Doktorvater und Leiter des Fachgebiets Kraftfahrzeugtechnik der Technischen Universität Ilmenau, Herrn Univ.-Prof. Dr.-Ing. Klaus Augsburg. Durch seine wissenschaftliche Betreuung und Anmerkungen sowie unseren fachlichen Diskussionen hat er zu dieser Arbeit beigetragen. Ich möchte mich ebenfalls bei Herrn Univ.-Prof. Dr.-Ing. Ralph Mayer von der Technischen Universität Chemnitz für die Übernahme des Zweitgutachtens bedanken.

Von Seiten der Daimler AG richtet sich mein Dank zunächst an den damaligen Abteilungsleiter der Bremsenentwicklung RD/FCB im MTC in Sindelfingen, Herrn Ralph Michalski, sowie an dessen Nachfolger und Gutachter dieser Arbeit, Herrn Dr.-Ing. Christoph Böhm. Desweiteren bedanke ich mich recht herzlich für die intensive Betreuung durch Herrn Georg Frentz und die Unterstützung durch sein gesamtes Team sowie die angenehme Arbeitsatmosphäre. Darüber hinaus wären die Aufbauten und Vorbereitungen der Fahrzeuge ohne die Unterstützung der Kollegen aus dem Werkstattbereich RD/FCF nicht möglich gewesen und somit gilt auch ihnen mein Dank.

Aus meinem privaten Umfeld möchte ich mich besonders bei meinen Eltern, Rainer und Lucia Bernhart, bedanken, die mich während meiner gesamten Ausbildungszeit und auch während meiner Zeit als Doktorand förderten und mich beständig zur Fertigstellung der Arbeit motivierten. Meinem Bruder Christian und meiner Freundin Justine bin ich ebenfalls zu größtem Dank verpflichtet, da sie mich auch außerhalb der fachlichen Diskussionen stets unterstützten und mir die notwendige Kraft gaben, die Arbeit fertigzustellen.

Tobias Bernhart **Appenweier, im Oktober 2017**

Inhaltsverzeichnis

Formelzeichen

Formelzeichen	Einheit	Bedeutung
a	m/s^2	Fahrzeugbeschleunigung/ -verzögerung
a_{Reib}	m/s^2	Verzögerung durch die Reibbremse
a_{Rekup}	m/s^2	Verzögerung durch die Rekuperation
a_{Soll}	m/s^2	Sollwert der Verzögerung
$a_{HA,max}$	m/s^2	Verzögerung durch die Hinterachse
$a_{VA,max}$	m/s^2	Verzögerung durch die Vorderachse
$C\text{-}Rate_{entladen}$	$1/h$	Entladerate der Traktionsbatterie
$C\text{-}Rate_{laden}$	$1/h$	Laderate der Traktionsbatterie
D_p	nm	Partikeldurchmesser
E_{Batt}	Wh, J	Elektrischer Energieinhalt der Traktions-batterie
E_{el}	Wh, J	Elektrische Energie
E_{kin}	Wh, J	Kinetische Energie
$E_{kin,konv,HA}$	Wh, J	Kinetische Energie an der Hinterachse des konventionell angetriebenen Fahrzeugs
$E_{kin,ZEV,HA}$	Wh, J	Kinetische Energie an der Hinterachse des ZEV
E_{Pot}	Wh, J	Potentielle Energie (auch: Lageenergie)

E_{Reib}	Wh, J	Reibenergie
E_{Rekup}	Wh, J	Rekuperierte Energie
$E_{Rekup,prakt}$	Wh, J	Praktisch rekuperierte Energie
E_{Zelle}	Wh, J	Elektrischer Energieinhalt einer einzelnen Batteriezelle
$F_{Br,h}$	N	Bremskraft an der Hinterachse
$F_{Br,v}$	N	Bremskraft an der Vorderachse
g	m/s^2	Gravitationsbeschleunigung
G	N	Gewichtskraft
h	m	Höhe
I	A	Elektrische Stromstärke
i	-	Getriebeübersetzung
J	kgm^2	Schwungmasse
k	1/s	Kühlgradient
m_{BS}	kg	Masse einer Bremsscheibe
$m_{BS,VA,Ist}$	kg	Ist-Bremsscheibenmasse (Referenz)
$m_{BS,VA,min}$	kg	Minimale Bremsscheibenmasse
M_{Brems}	Nm	Bremsmoment
$M_{el,Antrieb,Sys}$	Nm	Mechanisches Drehmoment des el. Antriebsstrangs auf Systemebene
$m_{Fzg,leer}$	kg	Leergewicht des Fahrzeugs
$m_{Fzg,ZGG}$	kg	Zulässiges Gesamtgewicht des Fahrzeugs

m_{Sattel}	kg	Masse eines Bremssattels
m_{Zelle}	g	Masse einer einzelnen Batteriezelle
n_{Mot}	1/s	Drehzahl des Elektromotors
n_n	1/s	Kippdrehzahl des Elektromotors
$Ø_{außen}$	mm	Außendurchmesser der Bremsscheibe
$Ø_{Kolben}$	mm	Kolbendurchmesser des Radbremszylinders
p	bar, N/cm^2	Druck
$P_{Antrieb}$	kW	Antriebsleistung
$P_{Antrieb,dauer\ (cont)}$	kW	Dauerhafte Antriebsleistung
$P_{Antrieb,max\ (peak)}$	kW	Maximale Antriebsleistung
P_{Batt}	kW	Leistung der Traktionsbatterie
$P_{Batt,max,theo}$	kW	Theoretische, maximale Batterieleistung
$P_{Batterie,Komp}$	kW	Leistung der Batterie als Komponente des el. Antriebsstrangs
P_{Brems}	kW	Bremsleistung
$P_{el,Antrieb,Sys}$	kW	Leistung des el. Antriebsstrangs auf Systemebene
$p_{HBZ,K,K}$	bar	Bremsdruck im Kolbenkreis
$p_{HBZ,St,K}$	bar	Bremsdruck im Stangenkreis
P_{lade}	kW	Ladeleistung
P_{Mot}	kW	Leistung des Elektromotors

p_{Rad}	bar	Bremsdruck am Radbremszylinder
p_{Radzyl}	bar	Druck im Radbremszylinder
P_{Rekup}	kW	Rekuperationsleistung
$P_{Rekup,max}$	kW	Maximale Rekuperationsleistung
$P_{Rekup,mBLS}$	kW	Rekuperationsleistung mit Betätigung des Bremslichtschalters
$P_{Rekup,oBLS}$	kW	Rekuperationsleistung ohne Betätigung des Bremslichtschalters
p_{VR}, p_{VL}, p_{HR}, p_{HL}	bar	Bremsdrücke an den Radbremszylindern vorne rechts, vorne links, hinten rechts, hinten links
r_{dyn}	mm	Dynamischer Reifenhalbmesser bzw. Rollradius
r_{eff}	mm	Effektiver Wirkradius der Bremsscheibe
s_{NEFZ}	km	Reichweite eines Fahrzeugs im NEFZ-Fahrzyklus
t	s	Zeit
T_A	°C	Ausgangstemperatur beim Beginn einer Bremsung
T_{ABS}	°C	Temperatur am ABS-Sensor
T_{Batt}	°C	Temperatur der Traktionsbatterie
t_{beschl}	s	Beschleunigungszeit
$T_{BS,VA}$	°C	VA-Bremsscheibentemperatur
$T_{BS,VA,max}$	°C	Maximale Bremsscheibentemperatur an der Vorderachse

$T_{BS,VL}$; $T_{BS,VR}$; $T_{BS,HL}$; $T_{BS,HR}$	°C	Bremsscheibentemperaturen vorne links, vorne rechts, hinten links, hinten rechts
$T_{Fitting}$	°C	Temperatur an der Bremsschlaucharmatur
$T_{Fl,VA,max}$	°C	Maximale VA-Bremsflüssigkeitstemperatur
$T_{Inverter}$	°C	Temperatur des Inverters (Leistungselektronik)
T_{Motor}	°C	Temperatur des Elektromotors
$t_{0auf100km/h}$	s	Beschleunigungszeit von 0 auf 100 km/h
$T_{Radnabe}$	°C	Temperatur an der Radnabe
$T_{RP,Belag}$	°C	Temperatur des Bremsbelags an der Rückenplatte
T_{Spurst}	°C	Temperatur am Spurstangengelenk
T_U	°C	Umgebungstemperatur
U	V	Elektrische Spannung
v	km/h	Geschwindigkeit
$v_{Ende,Rekup}$	km/h	Geschwindigkeit nach deren Unterschreitung die Rekuperationsleistung auf null reduziert wird
v_{Fzg}	km/h	Fahrzeuggeschwindigkeit
v_{grenz}	km/h	Geschwindigkeit nach deren Unterschreitung die Rekuperationsleistung reduziert wird
v_{max}	km/h	Maximal-(Höchst)geschwindigkeit

v_{Start}	km/h	Startgeschwindigkeit bei einer Bremsung
z_{max}	-	Maximale Abbremsung
ΔT	K	Temperaturdifferenz (Delta)
$\Sigma E_{elAntrieb}$	Wh	Summe der durch den el. Antriebsstrang rekuperierten Energie
$\Sigma E_{Reibbremse}$	Wh	Summe der Reibbremsenergie
$\Sigma E_{Rekup,prakt}$	Wh	Summe der praktisch rekuperierbaren Energiemenge
$\Sigma E_{Rekup,theo}$	Wh	Summe der theoretisch rekuperierbaren Energiemenge
Φ	-	Hinterachsbremskraftanteil
μ_{Belag}	-	Reibwert des Bremsbelags

Abkürzungen

Abkürzung	Bedeutung
ABS	Antiblockiersystem (auch: ABV – automatischer Blockierverhinderer)
AMS	Auto Motor und Sport (Automobilfachzeitschrift)
AT PZEV	Advanced Technology PZEV (engl.) - teilweise emissionsfreies Fahrzeug
BEV	Battery Electric Vehicle (engl.) – Batterieelektrisches Fahrzeug
BLS	Bremslichtschalter
BS	Bremsscheibe
CVT	Continuously Variable Transmission (engl.) – stufenloses Getriebe
ECE	Economic Commission for Europe (engl.) – Reibbelag für den europäischen Markt (low met)
ESP	Elektronisches Stabilitätsprogramm (auch: Electronic Stability Control, engl.)
FCEV	Fuel Cell Electric Vehicle (engl.) – brennstoffzellenbetriebenes Elektrofahrzeug
Fl	Flüssigkeit (hier: Bremsflüssigkeit)
Fzg.	Fahrzeug
HA	Hinterachse (eines PKW)
HEV	Hybrid Electric Vehicle (engl.) – Hybridelektrofahrzeug
ICE	Internal Combustion Engine (engl.) – Verbrennungsmotor
LACT	Los Angeles City Traffic – Spezieller Stadtfahrzyklus in LA

Li-Ion	Lithium-Ionen-Technologie (Batterie)
NAO	Non-Asbestos Organic (engl.) – asbestfreier, organischer Reibbelag
NEFZ	Neuer Europäischer Fahrzyklus, auch NEDC (engl.)
NiCrNi	Nickel-Chrom-Nickel-Thermoelement
NVH	Noise Vibration Harshness (engl.) – Geräusche, Schwingungen, Rauheiten
OEM	Original Equipment Manufacturer (engl.) – Originalausrüstungshersteller
PKW	Personenkraftwagen
PZEV	Partial Zero Emission Vehicle (engl.) – teilweise emissionsfreies Fahrzeug
SMP	Schwungmassenprüfstand
SOC	State of Charge (engl.) – Ladezustand der Batterie
TMS	Temperature Management System (engl.) – Temperaturregelsystem
VA	Vorderachse (eines PKW)
WLTP	Worldwide Harmonized Light-Duty Vehicles Test Procedure (engl.) - weltweit einheitliches Testverfahren für leichtgewichtige Nutzfahrzeuge
ZEV	Zero Emission Vehicle (engl.) – emissionsfreies Fahrzeug
ZGG	Zulässiges Gesamtgewicht des Fahrzeugs

1 Motivation

Die gesetzlichen Vorgaben zu Emissionsgrenzen von Schadstoffen und Treibhausgasen beim Betrieb eines PKW, Verknappung der Erdölvorkommen, steigende Kraftstoffpreise und globale klimatische Veränderungen führen nach [1] zur steigenden Elektrifizierung des Antriebsstrangs. Insbesondere die Einführung emissionsfreier Gebiete und die zunehmende Verbannung bestimmter, besonders schadstoffreicher konventioneller Antriebstechnologien aus Innenstädten führten in jüngster Zeit zu einer Steigerung der Elektrifizierung des Antriebsstrangs und erhöhen die Attraktivität alternativer Antriebe in Innenstädten, auch für den Lieferverkehr [2], [3]. Die emissionsfreien Antriebskonzepte reichen hierbei von Hybridfahrzeugen bis zum batterieelektrischen Fahrzeug.

Bei der Einteilung von Fahrzeugen im Low-Emission Program in [4] wird nach der emissionsfreien Reichweite kategorisiert. PZEV (Partial Zero Emission Vehicle), AT PZEV (Advanced Technology PZEV) und Enhanced AT PZEV ermöglichen kein emissionsfreies Fahren. Im Gegensatz dazu können die ZEV (Zero Emission Vehicle) bis zu 300 Meilen emissionsfrei betrieben werden, wobei sich diese Fahrzeuggattung aus brennstoffzellen- und batterieelektrischen Fahrzeugen zusammensetzt. Die letztere Gruppe bildet die Untersuchungsgrundlage dieser Arbeit.

Eine entscheidende Eigenschaft, die sich für den Antriebsstrang durch dessen Elektrifizierung ergibt, ist die Möglichkeit zur Rückgewinnung der Bremsenergie des Fahrzeugs, die als Rekuperation bezeichnet wird und die Erhöhung der Reichweite ermöglicht.

Auf Grund der konzeptionellen Besonderheiten und grundlegender Neugestaltung der elektrischen Antriebsstränge werden sowohl die konventionellen Komponenten, als auch deren Erprobungsmethodik analysiert und neu strukturiert [5]. Sogenannte Purpose-Design-Ansätze eröffnen im Gegensatz zu Conversion-Lösungen die Möglichkeit, ein Fahrzeuggesamtkonzept umzusetzen, das die spezifischen Anforderungen des elektrifizierten Antriebsstrangs an die Konzeption und Auslegung von anderen Subsystemen berücksichtigt [6], [7], [8].

Es ist zu erwarten, dass sich durch die Abdeckung geringer und mittlerer Verzögerungen durch den elektrischen Antriebsstrang eine thermische Entlastung der Radbremsen ergibt und dies auch positive Effekte auf einen geringeren Bremsenverschleiß und Feinstaubemissionen hat. Es ist zu untersuchen, wie durch die konstruktive Anpassung der Radbremsen ein Beitrag auf dem Weg zum emissionsfreien Fahren geleistet werden kann. Hierbei liegt der Fokus auf hydraulisch betätigten Scheibenbremsen, welche sich zum Stand der Technik entwickelt haben. Lediglich bei kleinen und kostengünstigen PKW kommen im Automobilbau noch Trommelbremsen an der Hinterachse zum Einsatz.

Neben der Elektrifizierung des Antriebsstrangs gibt es derzeit weitere Zukunftstrends der Automobilindustrie, beispielsweise das teil- und vollautonome Fahren und die Car-to-X-Vernetzung. Beim autonomen oder pilotierten Fahren erkennt das Fahrzeug Gefahrensituationen und warnt den Fahrer durch optische, akustische oder haptische Signale oder führt autonome Bremsvorgänge oder Korrekturmaßnahmen in der Fahrzeugführung durch. Dadurch können Unfälle vermieden oder zumindest die Unfallfolgen verringert werden. Unterstützend wirkt die Car-to-X-Kommunikation, bei der das Fahrzeug mit anderen Fahrzeugen und der Verkehrsinfrastruktur kommuniziert, wodurch eine vorausschauende Fahrweise ermöglicht wird.

Bisher konzentrierten sich die Anstrengungen der Forschung und Entwicklung im Bereich der ZEV auf die Komponenten des elektrischen Antriebsstrangs. Zur ganzheitlichen Effizienzsteigerung beim Betrieb eines ZEV gehört aber auch die Analyse und Optimierung der Subsysteme, wie beispielsweise der Radbremsen, im Zusammenwirken mit den Komponenten des elektrischen Antriebsstrangs, was auch in [9] geäußert wird. Weitere Gründe dafür waren vor allem kommerzieller Natur, um durch die Übernahme der Komponenten und der Grundarchitektur konventioneller Fahrzeuge die Preise für ein ZEV, auf Grund der ohnehin hohen Kosten für den elektrischen Antriebsstrang, nicht noch weiter in die Höhe zu treiben. Trotz des Bestrebens, die Komponenten der Radbremse, d. h. des Bremssattels, der Bremsscheibe und der Bremsbeläge hinsichtlich Leichtbau zu optimieren, sind für einen wertigen Qualitätseindruck weitere Aspekte, wie beispielsweise der Bremskomfort und das Geräuschverhalten, zu berücksichtigen.

Mit dieser Arbeit soll ein Beitrag zur Effizienzsteigerung von ZEV geleistet werden, indem die Auswirkungen des elektrischen Antriebsstrangs auf die Dimensionierung der Radbremse, unter Berücksichtigung der Rekuperationsleistung, analytisch und experimentell untersucht werden.

2 Stand der Wissenschaft

Der aktuelle Forschungsstand auf dem Feld der Konzeption und Auslegung von Radbremsen für PKW mit elektrischem Antriebsstrang ergibt sich aus frei zugänglichen Veröffentlichungen der letzten Jahre. Die Schwerpunkte der Recherche betrafen die Elektrifizierung des Antriebsstrangs, rekuperative Bremssysteme, die Rückwirkungen der Rekuperationsleistung auf die Radbremsenauslegung und den allgemeinen, aktuellen Auslegungskriterien und -methoden für Radbremsen von konventionellen PKW. Nachfolgend sind die Ergebnisse unter den jeweiligen Überschriften thematisch eingeordnet.

2.1 Elektrifizierung des Antriebsstrangs

Als Basis und zur Nachvollziehbarkeit der Methodenentwicklung zur Auslegung der Radbremsen ist das Verständnis der konzeptionellen Eigenschaften des elektrischen Antriebsstrangs unerlässlich. Deshalb wird der folgende Abschnitt den Komponenten, den grundlegenden Funktionen und den wissenschaftlichen Erkenntnissen gewidmet.

a) Komponenten, Systembeschreibung

Der elektrische Antriebsstrang hat die Aufgabe, das für die Beschleunigung oder (Teil)Verzögerung des Fahrzeugs notwendige Drehmoment zur Verfügung zu stellen [10].

Der hierfür eingesetzte Elektromotor unterscheidet sich konzeptionell stark von der konventionellen Verbrennungskraftmaschine [11]. Eine seiner grundlegenden Eigenschaften besteht darin, dass er sowohl zum Antreiben als auch, generatorisch, zur Verzögerung eingesetzt werden kann, wobei beim letzteren Wirkprinzip die kinetische Energie des Bremsvorgangs, oder ein Teil davon, zurückgewonnen, das heißt rekuperiert, werden kann. Dabei wird die kinetische Energie, unter Berücksichtigung von Wirkungsgradverlusten in der Übertragungskette von den Rädern zum Energiespeicher, in eine andere Energieform umgewandelt und in einem geeigneten Energiespeicher gespeichert. Bei den Elektrofahrzeugen ist dies, durch die erneute Nutzung für den Vortrieb, in erster Linie der Erhöhung der elektrischen Reichweite dienlich. Generell ist das darstellbare Bremsmoment des elektrischen Antriebsstrangs um ein Vielfaches höher als das generierbare Motorschleppmoment durch einen konventionellen Antriebsstrang [11]. Darüber hinaus kann das Schleppmoment des elektrischen Antriebsstrangs in Abhängigkeit verschiedener Betriebsstrategien variabel appliziert werden, sodass dieses beispielsweise bereits bei der Entlastung des Gaspedals wirkt oder erst bei der Betätigung des Bremspedals.

Anhand von Abb. 2.1 sollen schematisch die Hauptkomponenten des elektrischen Antriebsstrangs erläutert werden. Dargestellt ist eine Frontantriebsarchitektur mit einem Zentralmotor, der über eine feste Getriebestufe mit der Antriebsachse verbunden ist. Bei der Getriebeübersetzung sind auch Konfigurationen mit mehreren Stufen und Achsgetrieben möglich [12], [13]. Ebenso kann der Antriebsstrang auch mehr als nur einen Elektromotor beinhalten [14]. Über die Achsen werden sowohl das Antriebsmoment an die Räder als auch das bei der Rekuperation wirkende Bremsmoment übertragen.

Eine weitere Komponente ist die Leistungselektronik zum Gleichrichten der elektrischen Spannung während des Generatorbetriebs (Rekuperation) und zum Wechselrichten der elektrischen Spannung beim Antreiben. Die Leistungselektronik besteht aus einer Verschaltung mehrerer temperaturempfindlicher Halbleiter-Bauelemente und dient zusammenfassend der Antriebsregelung, dem Energiemanagement des Bordnetzes und dem Batterieladevorgang [14].

Die Abb. 2.1 zeigt exemplarisch den Antriebsstrang eines batterieelektrischen Fahrzeugs und enthält folglich als Energiequelle und –speicher lediglich die Traktionsbatterie. Die Leistungsfähigkeit der Batterie wird durch den Ladezustand (engl. SOC = State of Charge) und die Batterietemperatur T_{Batt} beeinflusst. Das in dieser Arbeit betrachtete System wurde zudem um die Radbremsen ergänzt.

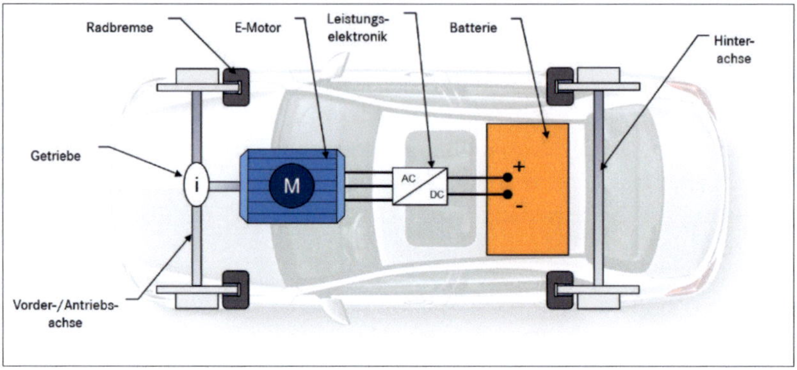

Abb. 2.1: Schematischer Aufbau des elektrischen Antriebsstrangs eines ZEV

Die meisten Automobilhersteller haben mittlerweile ein oder mehrere elektrifizierte Fahrzeuge in ihrem Produktportfolio. Tab. 12.1 zeigt beispielhaft eine Übersicht der Kenndaten einiger ZEV. Die batterieelektrischen Fahrzeuge besitzen alle einen Zentralmotor, der über eine feste Getriebeübersetzung entweder die Vorder- oder die Hinterachse antreibt. Die Motoren sind als permanenterregte Synchronmaschinen oder als Asynchronmaschinen ausgeführt und allen ist die Traktionsbatterie auf Basis der Li-Ionen-Technologie gemein.

Der elektrische Antriebsstrang kann neben der Traktionsbatterie auch Super-Kondensatoren enthalten, was eine Verbesserung, im Sinne einer Erhöhung, der Antriebs- und Rekuperationsleistung ermöglicht. In [15] wird der Einsatz von Super-Kondensatoren (auch Ultracaps genannt) in PKW mit elektrischem Antriebsstrang diskutiert. Trotz der geringeren speicherbaren Energiemenge im Vergleich zu einer elektrochemischen Batterie, zeigt diese Technologie Vorteile [16] und es bietet sich an, Super-Kondensatoren mit Batterien zu kombinieren, auch um die Batterielebensdauer zu erhöhen. Dies geschieht, indem die Super-Kondensatoren, die beim Beschleunigen und beim Verzögern des Fahrzeugs auftretenden hohen elektrischen Entlade- und Ladeströme abdecken, welche schädlich für die Batterie sind. Neben der Aufnahme höherer Ladeströme beziehungsweise höherer Verzögerung kann beim Einsatz von Super-Kondensatoren auch bei voller Batterie und bei sehr geringen Temperaturen rekuperiert werden, Abb. 2.2 [17].

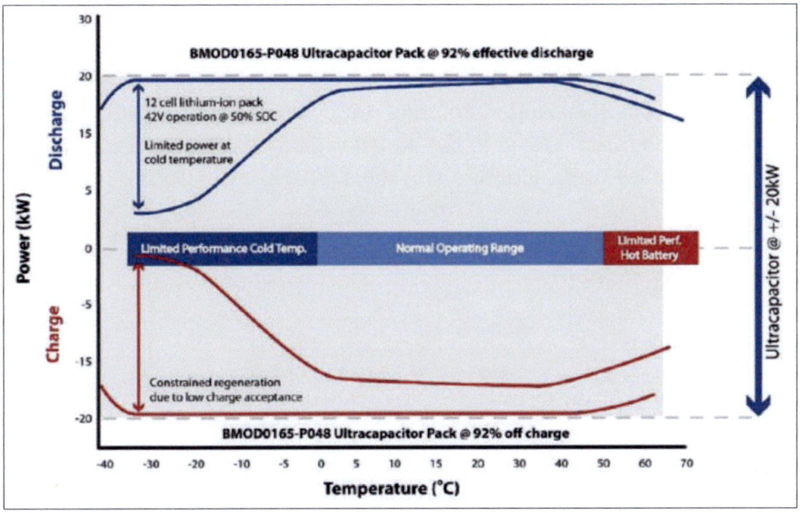

Abb. 2.2: Vergleich Wirkungsgrad über Temperatur von Ultracap- gegenüber Batteriemodulen [17]

Diese Eigenschaft kann die nachlassende Lade- und Entladeleistung von Batterien bei Temperaturen unterhalb von 0 °C ausgleichen und würde die Aufrechterhaltung der Rekuperationsfunktion und Entlastung der Radbremsen auch bei tiefen Temperaturen unterstützen.

Die Veröffentlichung [18] geht auf die kinetische Energierückgewinnung mittels Schwungrad ein, das über eine Kupplung und ein CVT-Getriebe an das Rad angebunden ist. Bei dem betrachteten Fahrzeug handelt es sich um ein frontangetriebenes Fahrzeug aus dem C-Segment, bei dem an jedem Hinterrad durch ein Schwungrad die kinetische Energie rekuperiert wird. Das Konzept vereint ein hohes Energiespeichervermögen, eine hohe Ladeleistung und hohe Entladeraten. Nachteilig wird darauf verwiesen, dass im Gegensatz zu batteriebasierten Speichersystemen die Energie nur kurzzeitig gespeichert werden kann, aber prädestiniert für viele aufeinander folgende Start-Stopp-Phasen ist.

Die wichtigsten Funktionen des elektrischen Antriebsstrangs im Hinblick auf Auswirkungen auf die Bremsenauslegung sind die Antriebs- und Rekuperationsleistung, welche nachfolgend erläutert werden.

b) Antriebsleistung

Die Antriebsleistung ist bei batterieelektrischen Fahrzeugen, ebenso wie die Rekuperationsleistung, abhängig von spezifischen Kenndaten der Einzelkomponenten. Sie ist in der Regel um ein Vielfaches größer als die Rekuperationsleistung. Ebenso wie die Rekuperationsleistung orientiert sich der Verlauf der Antriebsleistung, in Abhängigkeit der Fahrzeuggeschwindigkeit, an der Charakteristik der E-Maschine, wie in Abb. 2.3 dargestellt.

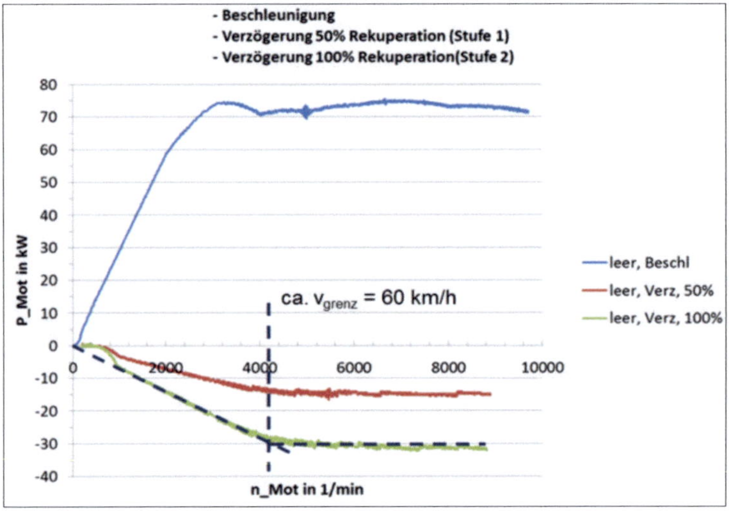

Abb. 2.3: Exemplarischer Verlauf der Leistungskurve des elektrischen Antriebstrangs beim Antreiben und Verzögern mit 2 Rekuperationsstufen (gemessen im Fahrzeug)

Bei der Abbildung handelt es sich um die Messschriebe eines Elektrofahrzeugs. Dargestellt ist die Antriebsleistung (blau bzw. „leer, Beschl“), die während der maximalen Beschleunigung des leeren Fahrzeugs aufgezeichnet wurde. Ebenso ist die sich ergebende Verzögerungsleistung für zwei Rekuperationsstufen (rot und grün bzw. „leer, Verz, 50%“ und „leer, Verz, 100%“) eingezeichnet. Oberhalb einer bestimmten Grenzgeschwindigkeit v_{grenz} bleibt die (Antriebs- und Rekuperations-)Leistung bis zur erreichbaren Höchstgeschwindigkeit annähernd konstant. Die Grenzgeschwindigkeit korrespondiert mit der

Kippdrehzahl n_n der E-Maschine. Unterhalb der Grenzgeschwindigkeit fällt die Leistung näherungsweise linear ab.

Die Antriebsleistung kann durch die Betriebsstrategie, aber auch durch Leistungsgrenzen der Batterie, der Leistungselektronik und/oder des Elektromotors limitiert werden. Gleiches gilt im Übrigen auch für die Rekuperationsleistung. Bei den Antriebsstrangkonfigurationen aktueller Elektrofahrzeuge wird jedoch, je nach Geschwindigkeitsbereich, sowohl die Antriebsleistung als auch die Rekuperationsleistung in der Regel durch die Kenndaten der Traktionsbatterie limitiert.

c) Rekuperationsleistung

Bremsungen können je nach Höhe der Verzögerung, der Art (Anpassungsbremsungen, Teil- oder Vollverzögerungen) oder der abzubauenden Geschwindigkeit unterschiedlich lange dauern. Gerade bei sehr kurzen Bremsvorgängen von ein paar Sekunden kann für das rekuperative Bremssystem die Rekuperationsleistung die limitierende Größe sein. Während vielfältige physikalische und chemische Wirkprinzipien zunutze gemacht werden können, um Energie zu speichern, liegt der Fokus dieser Arbeit auf der Speicherung kinetischer und potentieller Energie in einer Traktionsbatterie. Bei den aktuellen Elektrofahrzeugen bestehen diese aus einer Reihen- und/ oder Serienschaltung von einzelnen Zellen. Durch die Serienschaltung der Einzelzellen lässt sich die Gesamtspannung der Batterie erhöhen, durch die Reihenschaltung wird die elektrische Energiemenge gesteigert [19], [20]. Die Gesamtspannung der Batterie wird von der E-Maschine vorgegeben, in der Regel sind dies 360 bis 400 V oder auch schon bis zu 700 V [21]. Die elektrische Energiemenge bestimmt das Speichervermögen der Traktionsbatterie und beeinflusst die elektrische Reichweite des Fahrzeugs.

Zur Erklärung der batteriebedingten Charakteristik der Rekuperationsleistung ist festzuhalten, dass Lithium-Ionen-Zellen, die Grundelemente der meisten Traktionsbatterien aktueller ZEV, nach der Konstant-Strom-Konstant-Spannungs-Methode geladen (Abb. 2.4) werden. Das bedeutet, die leere Zelle mit dem Ladezustand SOC = 0 % (State of Charge) wird zunächst mit einem konstanten, maximalen Strom geladen. Dabei steigt die elektrische Spannung bis zu einer vorgegebenen

Ladeschlussspannung (hier bei etwa SOC = 90 %). Sobald diese erreicht ist, wird die Spannung konstant gehalten, mit der Folge des Abfalls des elektrischen Stroms. Es wird ersichtlich, dass die Ladeleistung bis zu einem bestimmten Ladezustand steigt, bis sie bei fast voller Batterie mit einem hohen Gradienten abnimmt. Es ergibt sich die dargestellte Ladekennlinie auf der Zellebene, deren Verlauf sich auf die Ebene der Traktionsbatterie übertragen lässt.

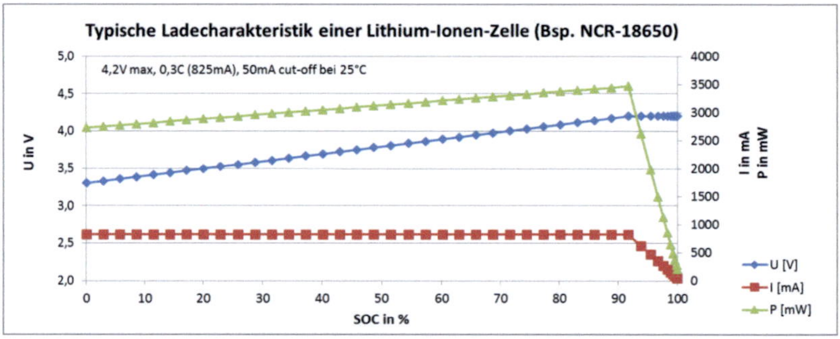

Abb. 2.4: Charakteristische Ladekennlinien einer Lithium-Ionen-Zelle

Es ist anzumerken, dass die Kenndaten zum Laden der Batterie von der Temperatur und der Alterung der Einzelzelle abhängen [21], [20]. Die „Ladeleistung“ wird in der Regel durch die sogenannte C-Rate ausgedrückt (diese gilt auch für die Entladeleistung). Sie gibt an, um das Wievielfache der Kapazität, in mAh, die Zelle geladen werden darf. Die nachfolgende Abb. 2.5 zeigt exemplarisch die Auswirkung der Erhöhung der C-Raten auf die theoretischen Lade- beziehungsweise Rekuperationsleistungen der Traktionsbatterien als Einzelkomponente ausgewählter ZEV.

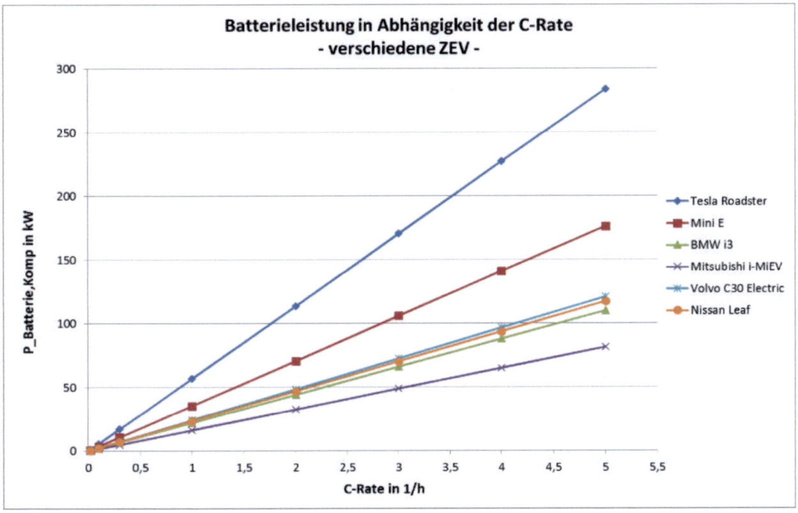

Abb. 2.5: Batterieleistung in Abhängigkeit der C-Rate

Da die Ladeleistung dem Produkt aus der C-Rate und der elektrischen Energiemenge entspricht, lassen sich entsprechend die Ladeleistungen skalieren. Es werden verschiedenartige Einzelzellen definiert [20], [22]. Hochleistungszellen erlauben hohe Lade- und Entladeströme. Aufgrund dessen sind sie allerdings verhältnismäßig schwer und haben eine schlechte gravimetrische Energiedichte. Sie sind in der nachfolgenden Abb. 2.6 auf der linken Seite zu finden. Am rechten Rand finden sich die Hochenergiezellen, die mit bis zu 220 Wh/kg nur C-Raten$_{laden}$ von 0,3 1/h zulassen.

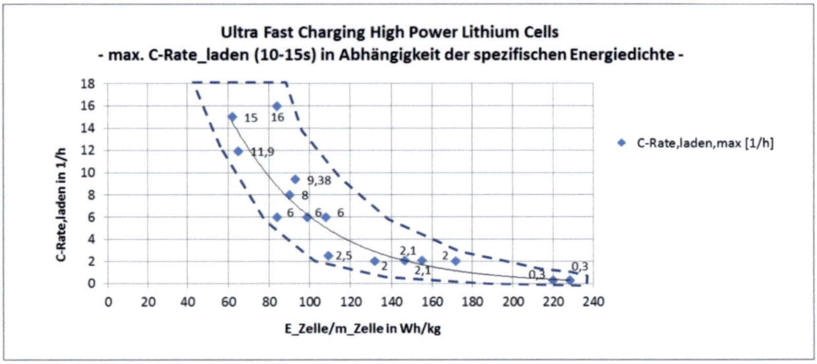

Abb. 2.6: Einteilung in Hochenergie- und Hochleistungszellen

In den batterieelektrischen Fahrzeugen finden Hochenergiezellen Anwendung, um die geforderte elektrische Reichweite, die gleichbedeutend mit der emissionsfreien Reichweite ist, zu erreichen. Hochleistungszellen werden in Hybrid- und Brennstoffzellenfahrzeugen eingesetzt, bei denen die Primärenergie aus Wasserstoff oder fossilen Kraftstoffen generiert wird.

Der bei der Methodik zur Auslegung und Konzeption der Radbremsen zu berücksichtigende Anteil der rekuperierbaren Energiemenge hängt von der momentanen Ladeleistung der Traktionsbatterie ab. Diese wird wiederum durch die Zellentemperatur und den Ladezustand bestimmt. Bezüglich der die Rekuperationsleistung beeinflussenden Kenngrößen im Kundenfahrzyklus, beziehungsweise im Alltagsgebrauch, ist indessen die Datenlage unzufriedenstellend.

d) Topologien

Durch die Elektrifizierung des Antriebsstrangs ergeben sich gemäß Abb. 2.7 diverse Topologievarianten. Die möglichen Konfigurationen reichen von Achsantrieben mit Zentralmotoren über Einzelradantriebe bis zu einzelnen, direkt angetriebenen Rädern durch Radnabenmotoren. Dabei können sowohl Vorder- oder Hinterachse, als auch beide Achsen angetrieben werden, an denen dann folglich auch rekuperative Bremsmomente erzeugt werden können.

Vorderachse / Hinterachse	Zentralmotor, Schaltgetriebe und Differenzial	Achsantrieb mit Differenzial	Getriebe-übersetzter Einzelrad-antrieb	Einzelrad-Direktantrieb, Radnaben-motoren	Ohne mechanische Kopplung	Achs-Differenzial
	Zwei Schalt-getriebe unüblich	Boost, Längs-verteilung	Boost, Längs-verteilung, (Querver-teilung)	Boost, Längs-verteilung, (Querver-teilung)	Heckantrieb konventionell	Allrad konventionell
	Boost, Längs-verteilung	Längs-verteilung	Längs- und Quer-verteilung vorne	Längs- und Quer-verteilung vorne	Heckantrieb	Nicht kombinierbar
	Boost, Längs- und Quer-verteilung	Längs- und Quer-verteilung hinten	Längs- und Quer-verteilung	Längs- und Quer-verteilung	Leistungs-verzweigter Heckantrieb	Nicht kombinierbar
	Boost, Längs- und Quer-verteilung	Längs- und Quer-verteilung hinten	Längs- und Quer-verteilung	Längs- und Quer-verteilung	Leistungs-verzweigter Heckantrieb	Nicht kombinierbar
	Frontantrieb konventionell	Frontantrieb	Leistungs-verzweigter Frontantrieb	Leistungs-verzweigter Frontantrieb	Keine Antriebs-einheit	Keine Antriebs-einheit
	Allrad konventionell	Nicht kombinierbar	Nicht kombinierbar	Nicht kombinierbar	Keine Antriebs-einheit	Keine Antriebs-einheit

Abb. 2.7: Antriebsstrangtopologien von ZEV [23]

Die im Rahmen dieser Arbeit betrachteten Fahrzeuge zur experimentellen Analyse der thermischen Beanspruchung und des Verschleißverhaltens, unter Berücksichtigung der Rekuperation, werden durch einen Zentralmotor mit einer festen Getriebeübersetzung an der Vorderachse oder der Hinterachse angetrieben. Ungeklärt ist, ob durch die unterschiedlichen Antriebsstrangtopologien auch veränderte Entwicklungsmethoden für Radbremsen abzuleiten sind. Die abweichenden Auswirkungen einzelner Antriebskonzepte hinsichtlich des Energieverbrauchs werden jedenfalls in [23] vorgestellt.

e) Entwicklungstendenzen

In Abb. 2.8 sind die Entwicklungsschritte der nächsten Jahre im Bereich der Batterietechnologie dargestellt. Da sich die spezifische elektrische Energie der Batterien über die Laderate (C-Rate) proportional auf die Ladeleistung auswirkt, ist dieser Trend mit Blick auf die Entlastung der Radbremsen relevant.

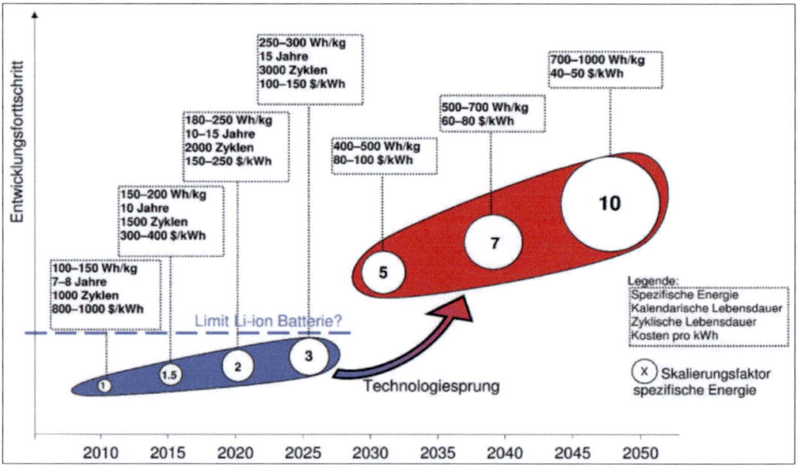

Abb. 2.8: Zukunftstrends in der Batterieentwicklung [24]

Es wird ersichtlich, dass es sich in den nächsten Jahren eher um kleinere Entwicklungsschritte handeln wird, bevor in zirka 15 Jahren ein größerer Technologiesprung zu erwarten ist, der zu einer Verfünffachung bis Verzehnfachung der spezifischen Energiedichte führen wird. Die Folge für das Fahrzeug könnten demnach mehr installierte Leistung zur Reichweitenerhöhung sein oder eine geringere Gesamtmasse des PKW bei gleichbleibender Energiemenge. Beides hätte Auswirkungen auf das Rekuperationsvermögen, genauso wie veränderte Batteriekonfigurationen auf deren Schnellladefähigkeit.

2.2 Rekuperative Bremssysteme

Zur Nutzung der Rekuperationseigenschaft des elektrischen Antriebsstrangs sind rekuperative Bremssysteme notwendig, die die Koordination beziehungsweise das Zusammenspiel des regenerativen Bremsmoments und des Reibbremsmoments, das sogenannte „Blending", ermöglichen, und dem Verzögerungswunsch des Fahrers gerecht werden. Grundsätzlich wird zwischen gekoppelten und entkoppelten Bremssystemen unterschieden [25], die im Folgenden detaillierter vorgestellt werden.

a) Gekoppelte rekuperative Bremssysteme

Gekoppelte, auch parallele, Bremssysteme zeichnen sich durch eine energetische Kopplung zwischen Betätigungs- und Übertragungseinrichtung aus. Der Zusammenhang zwischen der Bremsanforderung und der Reibbremswirkung ist innerhalb bestimmter Grenzen fest vorgegeben [25]. Dem Reibbremsmoment wird das generatorische Bremsmoment überlagert, das je nach den aktuellen Parametern (z.B. Fahrzeuggeschwindigkeit) Schwankungen unterworfen ist. Auf Grund dieser Tatsache wird bei diesem System der rekuperative Anteil der Verzögerung stark eingeschränkt, denn das Verhalten der inkonsistenten Verzögerungscharakteristik findet kaum Akzeptanz beim Fahrer. Die Schwierigkeit hierbei ist es, den Einfluss des regenerativen Bremsmoments von der Fahrzeuggeschwindigkeit auf einem für den Fahrer akzeptablem Maß zu halten, was besonders für Bremsungen bis in den Stillstand gilt [26]. Bei hohen Verzögerungen, beispielsweise bei Notbremsungen, können bereits, infolge des hohen Reibbremsmoments, ein oder mehrere Räder blockieren, sodass die ABS-Regelung eingreift. In diesen Fällen und auch in anderen kritischen Fahrsituationen, in denen durch ein ESP-Eingriff radselektiv das Bremsmoment geregelt wird, um die Fahrzeugstabilität wieder herzustellen, kann kein weiteres Bremsmoment in Form des generatorischen Moments zugelassen werden.

b) Entkoppelte rekuperative Bremssysteme

Bei den entkoppelten Bremssystemen besteht keine energetische Koppelung von Betätigungs- und Übertragungseinrichtung und sie werden auch „brake-by-wire“ genannt. Das entkoppelte oder kooperative Bremssystem ermöglicht es, das Reibbremsmoment und das generatorische Moment des elektrischen Antriebsstrangs so zu überlagern, dass es dem Sollmoment des Fahrers entspricht, ohne dass dieser die unterschiedlichen Arten der Momentengenerierung bei der Verzögerung spürt [25]. Diese Art von Bremssystemen eignet sich in besonderem Maße für die effektive Nutzung der Rekuperationseigenschaft des Antriebsstrangs [26].

Die Gegenüberstellung in Abb. 2.9 zeigt die Wirkungsweisen der parallelen Regeneration bzw. Rekuperation eines gekoppelten Bremssystems und die serielle Regeneration eines entkoppelten Bremssystems.

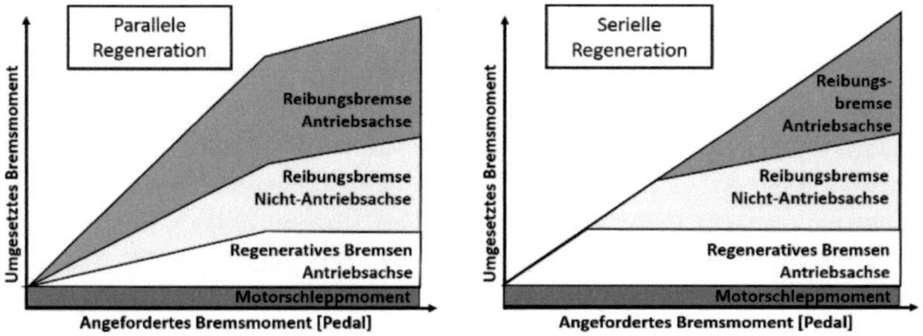

Abb. 2.9: Vergleich von parallelen, gekoppelten (links) und seriellen, entkoppelten Bremssystem (rechts) [27]

Zur Veranschaulichung eines Bremsvorgangs mit Rekuperation sei auf Abb. 2.10 verwiesen.

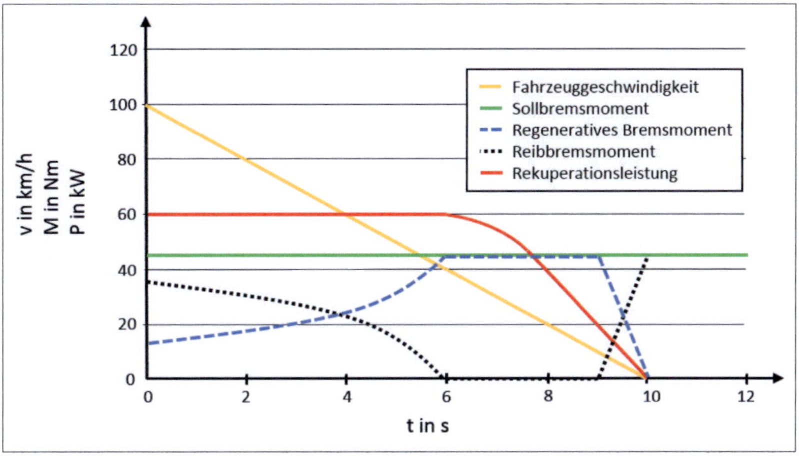

Abb. 2.10: Darstellung des Blendings bei konstantem Sollbremsmoment, nach [28]

Dargestellt ist das Blending bei konstantem Sollbremsmoment beziehungsweise Verzögerungswunsch des Fahrers, exemplarisch an einer Verzögerung aus 100 km/h. Bei hohen Geschwindigkeiten ist die elektrische Leistung der limitierende Faktor, d. h. die Ladeakzeptanz. Mit abnehmender Geschwindigkeit steigt das elektrische Bremsmoment, was eine Reduktion des Reibbremsmoments zur Folge hat. Es schließt sich ein Bereich an, in dem das elektrische Bremsmoment konstant bleibt. Im weiteren Verlauf der Abbremsung verschlechtert sich der Generatorwirkungsgrad, sodass die E-Maschine sukzessive ausgeblendet wird und das mechanische Reibbremsmoment entsprechend erhöht wird. Das Blending beinhaltet somit die Regelung des Hydraulikdrucks und der Motorkontrolleinheit und führt in der Konsequenz auch bei fast jedem Bremsvorgang mit Blending zu zwei Reibbremseingriffen.

In [29] werden aktuelle rekuperationsfähige Bremssysteme beschrieben, die konzeptbedingt mehr oder weniger hohe Rekuperationsleistungen erlauben. Unabhängig vom System ist die Anforderung, dass das Pedalgefühl vergleichbar mit dem heutigen bleibt, was nicht immer umsetzbar ist [30].

Das IBS (Integrated Brake System) ist ein rekuperationsfähiges Bremssystem der Firma TRW, das in [31] vorgestellt wird. Das System ist vakuumfrei und garantiert ein gleichbleibendes Pedalgefühl auch unter variierenden Bremsbedingungen und erzeugt geringe Restbremsmomente.

[32] untersucht das Bremspedalgefühl infolge entkoppelter rekuperativer Bremssysteme. Es wird betont, dass die Bremsleistungen des elektrischen Antriebsstrangs leistungslimitiert sind und für höhere Verzögerungen sowie das Halten im Stillstand nach wie vor konventionelle Reibbremsen zum Einsatz kommen müssen. Zusammenfassend wird festgehalten, dass die Fahrerakzeptanz von Verzögerungsschwankungen bei ca. ± 0,3 m/s² liegt, unabhängig von der Höhe der Grundverzögerung. Aus diesem Grund werden brake-by-wire-Systeme für Fahrzeuge mit hohen Rekuperationsleistungen empfohlen.

2.3 Rückwirkungen der Rekuperation auf die Radbremsen

In diesem Abschnitt soll ein Überblick über die Rückwirkungen der Rekuperation auf die Bremsenauslegung gegeben und relevante Arbeiten vorstellt werden, die sich bereits mit einer Methodik zur Konzeption und Auslegung der Radbremsen beschäftigten.

a) Thermische Auslegung

Für reproduzierbare kurze Bremswege, auch unter thermischer Vorbelastung der Radbremsen, ist sicherzustellen, dass Grenztemperaturen der Radbremsen nicht überschritten werden und dass sich bei höheren Bremsentemperaturen die Verzögerungscharakteristik nicht zu sehr verändert. Als Basis für die thermische Auslegung dient die Analyse der Energiebilanz beziehungsweise -umsätze an den Radbremsen. Diese gestalteten sich bei einem Fahrzeug mit Rekuperationseigenschaften anders als bei einem Fahrzeug mit konventionellem Antriebsstrang.

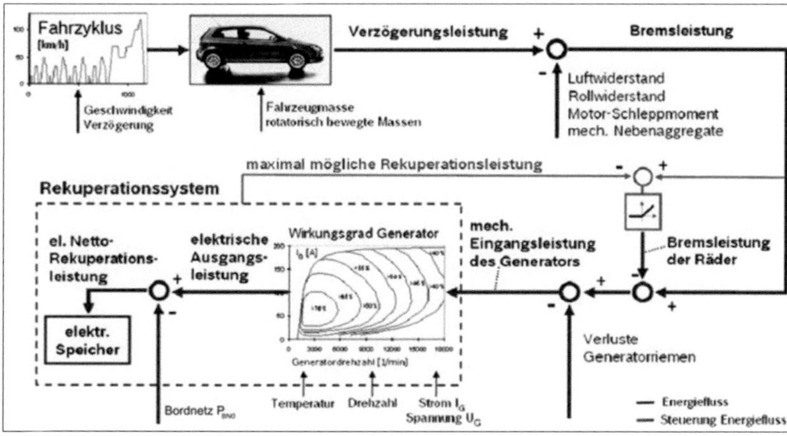

Abb. 2.11: Leistungsfluss in einem Fahrzeug bei Rekuperation [33]

Die obenstehende Abb. 2.11 zeigt den Leistungs- und Energiefluss beim Bremsvorgang eines Fahrzeugs mit Rekuperationseigenschaften durch einen elektrischen Speicher. Das Schema berücksichtigt sowohl die kinetische Energie durch die Fahrzeugmasse und rotatorischen Massen als auch die Verzögerung durch die Fahrwiderstände und des Motorschleppmoments. Hinzu kommt die maximal mögliche Verzögerungsleistung des Rekuperationssystems, sodass am Ende auf die benötigte mechanische Bremsleistung der Räder geschlossen werden kann.

Zur Bewertung der Verminderung der thermischen Belastungen der Radbremsen werden in [6] das Kundenfahrverhalten und die Kollektive zweier Verbrauchszyklen analysiert und der Verzögerungscharakteristik des elektrischen Antriebsstrangs gegenüber gestellt. Dementsprechend findet der relevante Anteil an Verzögerungen unter 1,5 m/s² und unter 120 km/h statt. Es wird jedoch darauf hingewiesen, dass die spezifischen Auslegungs- und Pressetests durch höhere Verzögerungen und teilweise auch höhere Ausgangsgeschwindigkeiten charakterisiert sind. Bezüglich der thermischen Leistungsfähigkeit werden somit auf der einen Seite die niedrigen Maximalgeschwindigkeiten, auf der anderen Seite aber auch die hohen Leistungsanforderungen spezifischer Tests genannt, für die ausreichende Leistungsreserven verfügbar sein müssen. Wird die Bremsleistungsfähigkeit des elektrischen Antriebsstrangs überstiegen, müssen nach wie vor die Reibbremsen eingesetzt werden [34], [35], [36], [37].

Im normalem Kundenbetrieb jedoch können die meisten Bremsungen durch die Rekuperation abgedeckt werden, selbst in einem vom Autor als relativ „anspruchsvoll" bewerteten Test, wie dem LACT (Los Angeles City Traffic = Stadtzyklus in Los Angeles), was die Betriebstemperaturen signifikant reduziert (Abb. 2.12). Mit steigender Rekuperationsleistung („Regen") reduzieren sich die Bremsscheibentemperaturen gegenüber einem konventionellen PKW („Conventional").

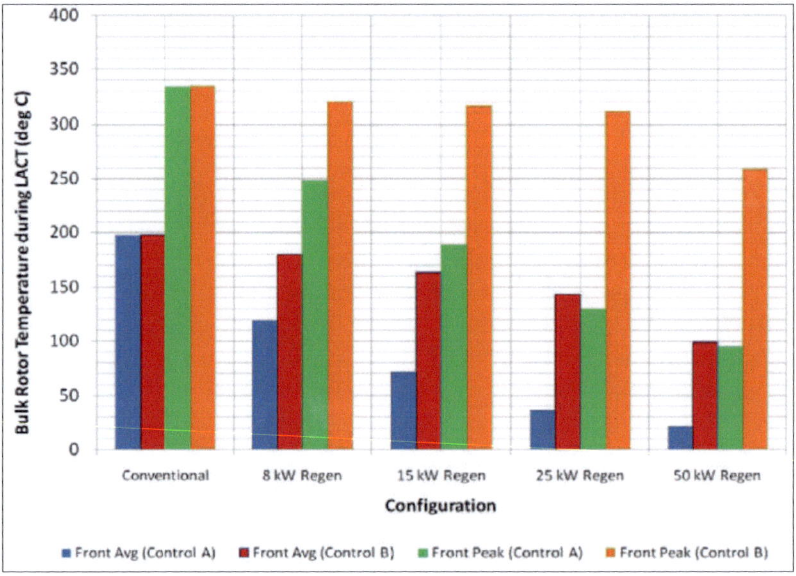

Abb. 2.12: Berechnete VA-Bremsscheibentemperaturen während des LACT-Zyklus in Abhängigkeit der max. Rekuperationsleistung und Betriebsstrategie [34]

Es gibt einige Systemkonfigurationen und Betriebszustände, die bei Fahrzeugen mit regenerativem Bremssystem zu höheren Temperaturen führen können, z. B. eine Passabfahrt mit vollem Energiespeicher (Abb. 2.13). Ein weiterer Gesichtspunkt ist die Simulation der Betriebstemperaturen der Bremsscheiben und -flüssigkeit für zwei

Bremsendimensionen bei einer Passabfahrt mit unterschiedlicher Rekuperationsleistung.

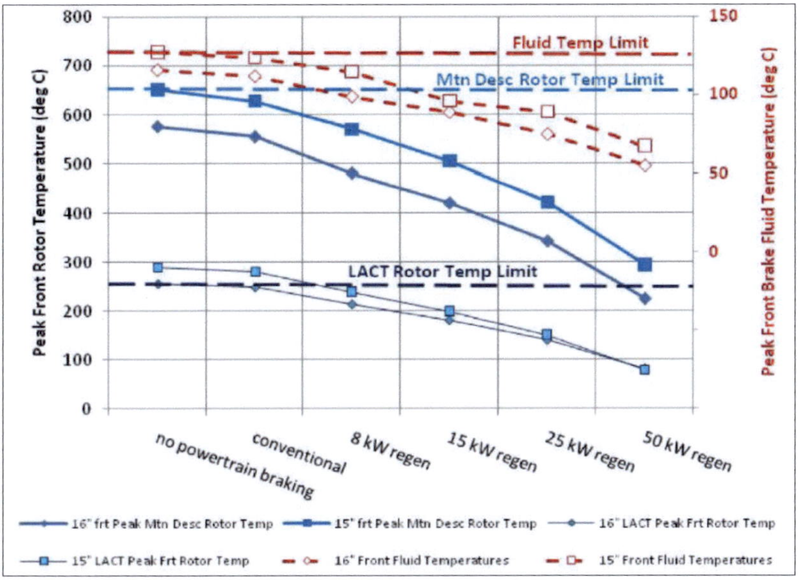

Abb. 2.13: Fallstudie – Bremsentemperaturen vs. Rekuperationsleistung [34]

In [34] werden Grenztemperaturen für die Passabfahrt und den LACT definiert. Als Ergebnis ist festzuhalten, dass für PKW mit konventionellem Antriebsstrang die größere Bremsendimension (16"-Bremse) benötigt wird. Für die ungünstigste Gefällefahrt, ohne Rekuperation und Antriebsstrangschleppmoment, wie sie bei voller Batterie oder Antriebsstrangausfall auftreten kann, erfüllt die 16"-Bremse die Temperaturgrenzen. Die 15"-Bremse könnte das auch, wäre aber direkt an der Grenze. Für ein rekuperationsfähiges Fahrzeug mit Antriebsstrangschleppmoment ist die 15"-Bremse ausreichend, auch bei fehlerhafter Rekuperation.

Trotz der Tatsache, dass Fahrzeuge mit Rekuperation mehr und mehr verfügbar sind, wird erkannt, dass es nur wenige veröffentlichte Forschungsarbeiten darüber gibt (beispielsweise [38]), was die dramatische Reduktion im Gebrauch der Reibbremse für diese funktional bedeutet. Wenn demzufolge die Leistungsfähigkeit von Energiespeichern und der regenerativen Bremssysteme im Feld, mit Blick auf das Kundenverhalten, besser verstanden werden, könnten Berechnungen zur Bremsendimensionierung basierend auf mehr und mehr detaillierten Modellen von regenerativem Bremsverhalten und Fahrzeugzustandseigenschaften erstellt werden. Das würde mehr Optimierungen in der Bremsendimensionierung und eine merkliche Massenreduktion erlauben.

Des Weiteren wird die prophezeite Belaglebensdauer in Abhängigkeit von der Rekuperationsleistung betrachtet. Es wird von einer typischen Fahrzeuglebensdauer von 300.000 km ausgegangen. Gemäß der Simulation reichen 20 kW Rekuperationsleistung aus, um bei der geeigneten Betriebsstrategie die Belaglebensdauer auf die Fahrzeuglebensdauer zu erhöhen. Oft führen allerdings andere Mechanismen, wie Korrosion oder Beschädigung durch Ablagerungen, zum vorzeitigen Austausch. Als Abhilfestrategie werden in [35] und [36] Putzzyklen vorgeschlagen, während derer die Bremsbeläge leicht angelegt werden.

Ein weiterer Beitrag zur Erhöhung der Effizienz eines PKW mit elektrischem Antriebsstrang ist die Reduzierung des Restbremsmoments, ohne dabei das Bremspedalgefühl zu stark zu beeinträchtigen. Darüber hinaus gibt es Qualitätsanforderungen, von denen im Zusammenhang mit dieser Arbeit die Korrosion und Langzeitqualität zu erwähnen sind. Es wird ein erhöhtes Risiko der Reibringkorrosion befürchtet, auf Grund der im Kundenbetrieb starken Entlastung der Radbremsen durch den elektrischen Antriebsstrang.

In [35] und [36] wird betont, wie wichtig ein optimiertes Bremssystem für die Erhöhung der Reichweite eines ZEV ist. Die potenzielle rekuperierbare Bremsenergie ist abhängig vom Wirkungsgrad verschiedener Übertragungsphasen. Ungefähr 75 % der potenziellen rekuperativen Bremsenergie können in elektrische Energie umgewandelt werden und 55 % der primären kinetischen Energie können genutzt werden, um die Fahrstrecke zu verlängern. Es wird auf die unterschiedlichen Rekuperationsergebnisse bei den drei typischen Bremsentests, wie AMS, Bergabfahrt und Stadtfahrt hingewiesen.

Es werden drei rekuperationsfähige Bremssysteme vorgestellt: ein konventionelles mit Schließwegverlängerung, ein System, das den Schließweg elektronisch regelt, und ein entkoppeltes System, das vollständiges Blending ermöglicht. Im Falle von Fahrmanövern, die zu Fahrzeuginstabilitäten führen, sollte zur Ausgleichsregelung auf die radindividuellen Basisbremsen zurückgegriffen werden. Im Weiteren wird darauf hingewiesen, dass im Idealfall die Reibbremsen nur im letzten Teil von Stillstandbremsungen aktiviert werden, um die Ausrampung der E-Maschine zu kompensieren. Dadurch reduzieren sich die Putzzyklen der Reibbremse auf ein Minimum, was Korrosion begünstigt. Die Folge können unsymmetrische Bremsmomente links und rechts sein, ein höheres Restbremsmoment, ein höherer Belagverschleiß und eine negative Beeinflussung der Art und Häufigkeit von Bremsgeräuschen.

b) Konstruktionsansätze für Radbremsen von PKW mit elektrischem Antriebsstrang

Die Arbeiten [38] und [39] beschäftigen sich mit einem Elektrosportwagen, bei dem die hinteren Radbremsen durch jeweils einen Radnabenmotor ersetzt wurden. An den Vorderachsen werden nach wie vor Reibbremsen eingesetzt. Es geht um die Entwicklung eines Radnabenmotors, der auf der einen Seite das Fahrzeug beschleunigen und auf der anderen Seite die Reibbremsen der Hinterachse ersetzen kann. Das Fahrzeug soll so viel Energie wie möglich rekuperieren können. Für den Fall, dass die Fahrzeugdynamik ein Bremsmoment an anderen Rädern erfordert oder das elektrische Moment nicht verfügbar ist, soll die Reibbremse gebraucht werden. Es wurde zur Umsetzung ein Drive-by-Wire-System mit mechanischer Rückfallebene eingesetzt. Dadurch kann der Bremsbefehl des Fahrers auf die zwei Systeme, unabhängig von der Bremspedalstellung, aufgeteilt werden. Zum Zweck der Bestimmung der rekuperierten Energiemenge wurde mit dem Fahrzeug ein realer Fahrzyklus auf einem Prüfstand nachgefahren. Dabei wurden die Rekuperationsstrategien analysiert. Bisherige Fahrzeugkonzepte wurden vor allem von Zentralmotoren geprägt, aufgrund der Eigenschaften des konventionellen Antriebsstrangs. Radnabenmotoren können sehr kompakt gebaut werden, bezogen auf die Leistungsdichte. Bei den Motoren handelt es sich um wassergekühlte permanenterregte

Synchronmaschinen. Dezentrale Antriebsstränge mit radindividuellen Antrieben können damit einfach realisiert werden. Dies ermöglicht Vorteile in der Gewichtsverteilung, dem Torque Vectoring und bei den Fahrerassistenzsystemen. Bei Bremsungen in den Stillstand wird das elektrische Bremsmoment reduziert, da zusätzlich Energie benötigt werden würde, um den Motor im Stillstand zu halten. Hier werden die Reibbremsen eingesetzt, um das Fahrzeug in seiner Position zu halten. Es wird zudem die Wirksamkeit der ABS-Regelung an allen vier Rädern der Vorder- und Hinterachse bei einer Notbremsung von 0,3g aus 50 km/h präsentiert.

[40] präsentiert das rekuperative Bremssystem des Porsche 911 GT3 R Hybrid. Es handelt sich um einen parallelen Hybrid mit zwei radnahen E-Maschinen an der Vorderachse mit einem zentralen Schwungrad als Energiespeicher. Das Rekuperationssystem kann eine Rekuperationsleistung von 150 kW darstellen. Während des 24h-Rennens am Nürburgring konnte beim GT3 R Hybrid im Vergleich zum konventionellen GT3 R, insbesondere an der Rekuperationsachse, ein signifikant geringerer Verschleiß der Bremsbeläge und –scheiben festgestellt werden, vgl. nachfolgende Abb. 2.14.

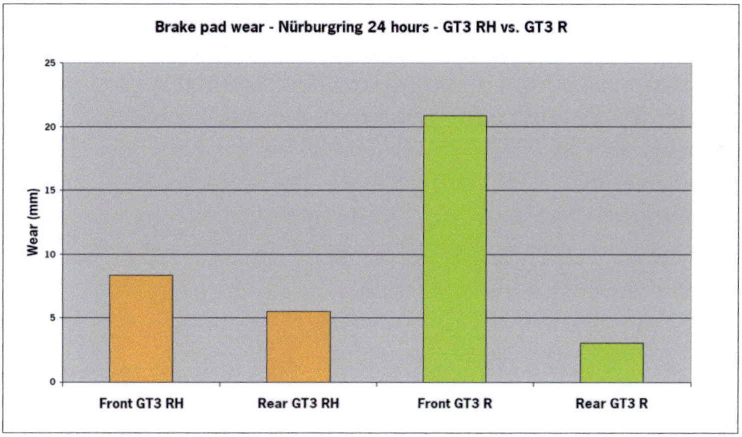

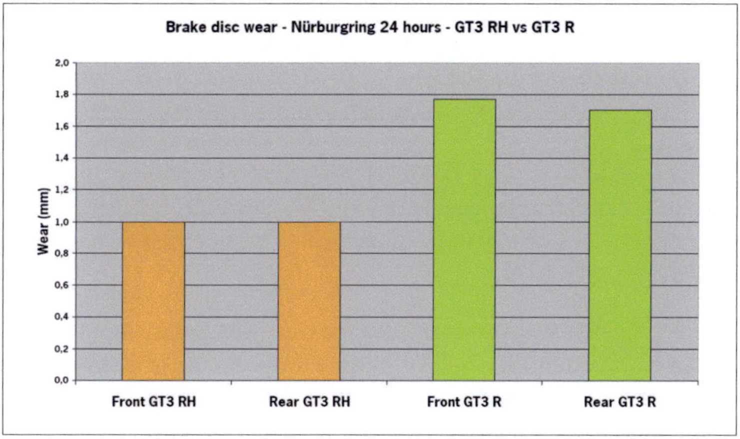

Abb. 2.14: Bremsbelag (Brake pad wear)- und Bremsscheibenverschleiß (Brake disc wear) des Porsche GT3 R Hybrid beim 24h-Rennen [40]

In [11] wird die typische Gaspedal- und Bremspedalcharakteristik dargestellt. Es wird eine Studie zur Akzeptanz verschiedener Konzepte zur Längsdynamiksteuerung vorgestellt und das Fahrerverhalten bzw. dessen Akzeptanz diskutiert. Die unterschiedlichen Konzepte führen zu unterschiedlichem Fahrerlebnis und zu verschiedenem Fahrverhalten. In der Studie wurden Probanden in einem Stadt-Fahrzyklus vier verschiedene Konzepte zur Längsdynamiksteuerung angeboten, die mehr oder weniger starke rekuperative Verzögerungen ermöglichen: Segeln (0 m/s²), verbrennungsmotorähnlich (0,8 m/s²), merkliches Bremsmoment (1,5 m/s²) und starkes Bremsmoment (2,25 m/s²). Als Favorit der Studie und nach Auswertung der subjektiven und objektiven Daten geht die One-Pedal-Interaction (Steuerung der Beschleunigung und Verzögerung über den Winkel des Gaspedals) mit starkem Bremsmoment hervor, bei dem die meisten alltäglichen Verzögerungen im Stadtverkehr durch das rekuperative Schleppmoment über das Gaspedal abgedeckt werden können.

In [28] werden verschiedene rekuperative Bremssysteme von Fahrzeugen mit unterschiedlichen Elektrifizierungsgraden des elektrischen Antriebsstrangs miteinander verglichen. Ein Fokus liegt, neben der Akzeptanz von Probanden im Vergleich mit den konventionellen Fahrzeugen durch subjektive Eindrücke, auf den Auswertungen der objektiven Messungen bei einer Verzögerung mit einem konstanten vorgegebenen Bremspedalweg. Darüber hinaus werden die gesetzlichen Vorgaben und Auswirkungen bezüglich rekuperativer Bremssysteme analysiert. Es werden dabei die Normen ECE 13.11 und ECE 13H berücksichtigt und es geht die Anforderung hervor, dass das ABS die regenerativen Bremskräfte beeinflussen muss. Wenn möglich, ist sicherzustellen, dass die Verzögerungsrate in Relation zum Fahrerwunsch bleibt.

Schließlich wird auch auf den Einfluss auf die Bremsentemperaturen durch die Entlastung durch die Rekuperation Bezug genommen. Dabei ist der Grad der Temperaturreduktion bei höheren Verzögerungen größer. Von den meisten Fahrern werden mehrheitlich geringere Verzögerungen getätigt. Jedoch müssen die Bremssysteme auf extreme Anforderungen ausgelegt sein, um die Sicherheit zu gewährleisten. Es wird eine Anpassung der Bremsbelagdicke an die Service-Intervalle empfohlen, ebenso wie die Möglichkeit, von belüfteten auf massive Bremsscheiben zu wechseln. Es werden allerdings keine genaueren Angaben gemacht, ab welchen Leistungen des elektrischen Antriebsstrangs dies in welchem Grad möglich wäre.

[41] setzt sich insofern mit rekuperativen Bremssystemen auseinander, als deren Methode der Implementierung, der Betriebsbereich und die Effektivität anhand von quantitativen Messungen untersucht werden.

Demnach bestehen alle Bremsungen, außer den schwachen und starken, aus einer Mischform aus parallel auftretendem regenerativem und dissipativem Bremsen. Lediglich die schwachen Bremsungen werden regenerativ ausgeführt, die starken Bremsungen (Notbremsungen) dissipativ. Eine Erweiterung des Betriebsbereichs von regenerativen Bremssystemen hätte nicht nur eine Erhöhung der rekuperierbaren Energie zur Folge, sondern böte auch Vorteile beim Fahrzeug-Packaging, Gewicht und Energieverbrauch durch die Eliminierung oder Reduzierung von schweren Radbremssystemen.

2.4 Heutige Auslegungskriterien und -methoden für Radbremsen

Bei der heutigen Konzeption und Auslegung von Radbremsen für Fahrzeuge mit konventionellem Antriebsstrang spielen verschiedenste Anforderungen eine Rolle. Neben der funktionellen Auslegung hinsichtlich der thermischen Absicherung und Rissbeständigkeit der Radbremskomponenten zählen auch ein unauffälliges NVH-Verhalten und ein komfortables Bremsgefühl unter einem weiten Bremstemperatur- und Druckbereich zu den anzustrebenden Eigenschaften [42]. Hier soll in Bezug auf den Schwerpunkt der Arbeit lediglich auf die Methoden zur thermischen Auslegung eingegangen werden.

a) Konstruktionsansätze für Radbremsen von PKW mit konventionellem Antriebsstrang

Der Betrieb der Radbremsen in einem definierten Temperaturbereich ist essentiell für ein sicheres und verschleißarmes Bremsverhalten des Fahrzeugs sowie für reproduzierbare Bremswege auch nach mehrmaligen aufeinanderfolgenden Verzögerungen. Der Trend der letzten Jahre zeigt einen Anstieg der Bremsscheibenmassen von Scheibenbremsen mit den zunehmend leistungsfähigeren Fahrzeugen, Abb. 2.15. Eine nicht unerhebliche Rolle dabei spielen auch die Testprozeduren, wie in der Fachpresse dargestellt.

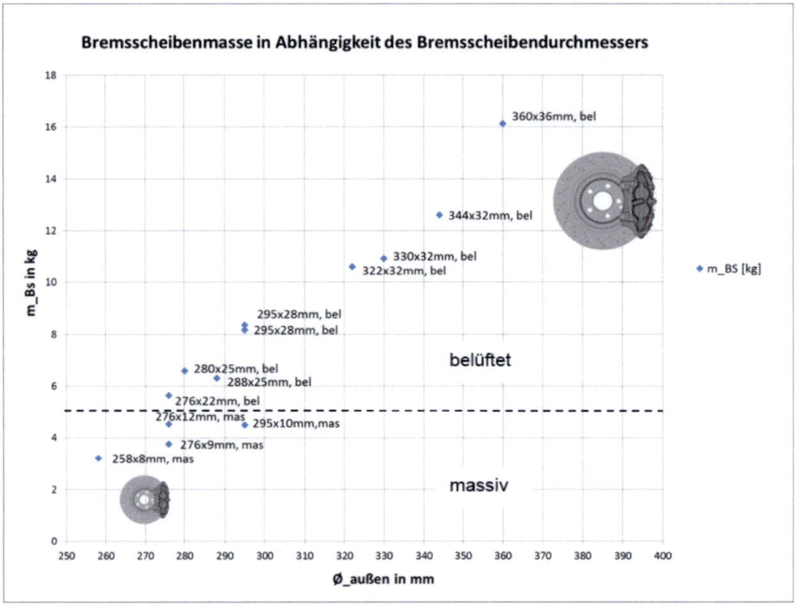

Abb. 2.15: Bremsscheibenmassen in Abhängigkeit des Außendurchmessers

Mit dem Außendurchmesser der Bremsscheiben steigen auch die Bremsscheibenmassen, wobei sich hier zwischen massiven und belüfteten Ausführungen unterscheiden lässt. Belüftete Bremsscheiben können konzeptbedingte Nachteile mit sich bringen und sind aufwändiger sowie teurer in der Herstellung. Bei aufeinanderfolgenden Bremsungen mit kurzen Zykluszeiten kommt die Kühlwirkung der Bremsen kaum zum Tragen, vielmehr entscheidet hier das thermische Speichervolumen über den Temperaturverlauf während des Tests. Auch bei Passabfahrten im niedrigen Geschwindigkeitsbereich sind Kühlmaßnahmen an den Radbremsen weitestgehend wirkungslos. Im Gegensatz dazu sind konstruktive Ausführungen zur Kühlung bei hohen Geschwindigkeiten sehr wirkungsvoll. Bei der thermischen Auslegung der konventionellen Fahrzeuge gibt es, je nach Fahrzeugmasse und Motorleistung, kritische Tests, auf die die Radbremse optimiert wurde. Im ersten Schritt wurden für die Elektrofahrzeuge der ersten Generation die größten Radbremsen der konventionellen Vergleichsfahrzeuge übernommen, unter der Annahme, dass die aufgrund der

Traktionsbatterie angestiegene Fahrzeugmasse bei PKW mit elektrischem Antriebsstrang die Energieeinträge beim Bremsvorgang größer sind.

Die nachfolgende Abb. 2.16 zeigt das typische Abkühlverhalten einer Bremsscheibe bei einer konstanten Fahrgeschwindigkeit. Der Kühlgradient ist umso höher, je größer die Temperaturdifferenz zwischen der Bremsscheibe und der Umgebung ist.

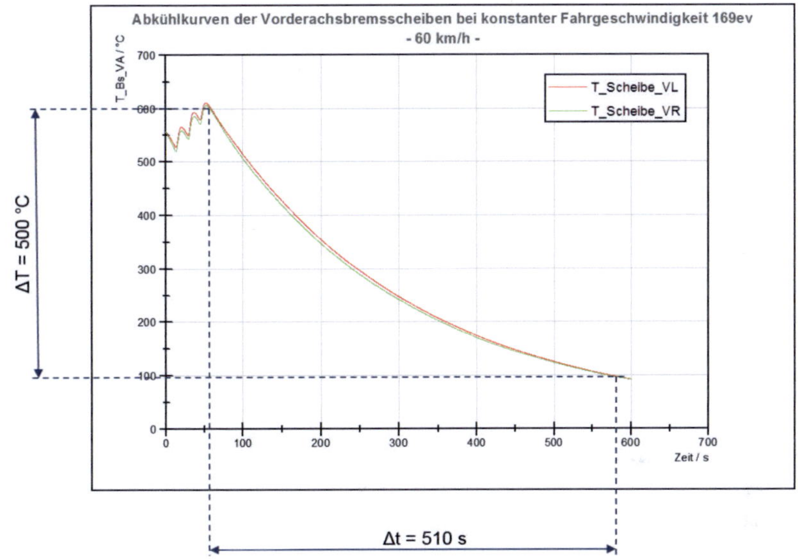

Abb. 2.16: Abkühlkurven einer linken und rechten Radbremse bei einer konstanten Fahrgeschwindigkeit

Die Abkühlkurve kann wie folgt beschrieben werden:

$$T(t) = T_U + (T_A - T_U) \cdot e^{-k \cdot t} \qquad [°C] \qquad \text{Gleichung 2-1}$$

Für den Faktor k gilt demnach:

$$k = \frac{1}{t} \cdot ln\left(\frac{T_A - T_U}{T(t) - T_U}\right) \qquad \left[\frac{1}{s}\right] \qquad \text{Gleichung 2-2}$$

Die beiden Gleichungen sind Bestandteil des Berechnungsprinzips der Bremsscheibentemperaturen des in [42] erarbeiteten Tools, das auch im Rahmen dieser Arbeit eingesetzt wird. In Abb. 2.17 sind die k-Werte als Maß für die Kühlwirkung verschiedener Bremsen in Abhängigkeit der Fahrzeuggeschwindigkeit dargestellt. Neben der Geschwindigkeit des Fahrzeugs spielen unter anderem die Geometrie der Bremsscheibe sowie die Druckverhältnisse und Umströmung der Bremse im Radhaus eine Rolle für das Abkühlverhalten.

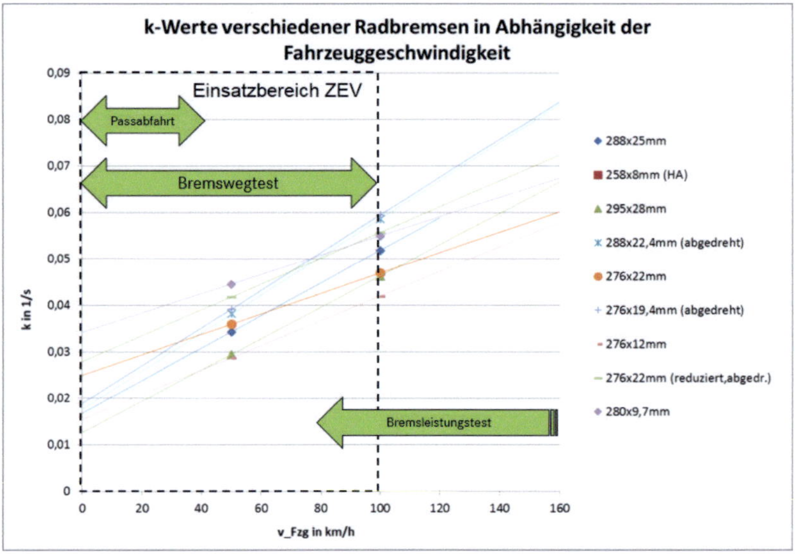

Abb. 2.17: Charakterisierung der Kühlwirkung in Abhängigkeit der Fahrgeschwindigkeit

Es geht hervor, dass eine Bremse, die bei niedrigen Geschwindigkeiten im Vergleich mit einer anderen Radbremse ein ungünstigeres Kühlverhalten aufweist, nicht auch bei hohen Geschwindigkeiten schlechter kühlt.

b) Versuchsprozedere zur thermischen Absicherung von Radbremsen

Längst nicht alle Absicherungen beziehungsweise Abschätzungen in der Bremsenentwicklung können rein rechnerisch oder simulativ getätigt werden. Es bleibt die Validierung der digitalen Ergebnisse im Fahrversuch. Hinsichtlich der thermischen Auslegung sollen die wichtigsten Fahrzyklen vorgestellt werden, die auch im Rahmen dieser Arbeit für Fahrzeuge mit elektrischem Antriebsstrang zu Grunde gelegt und bewertet werden.

Alpine Passabfahrt

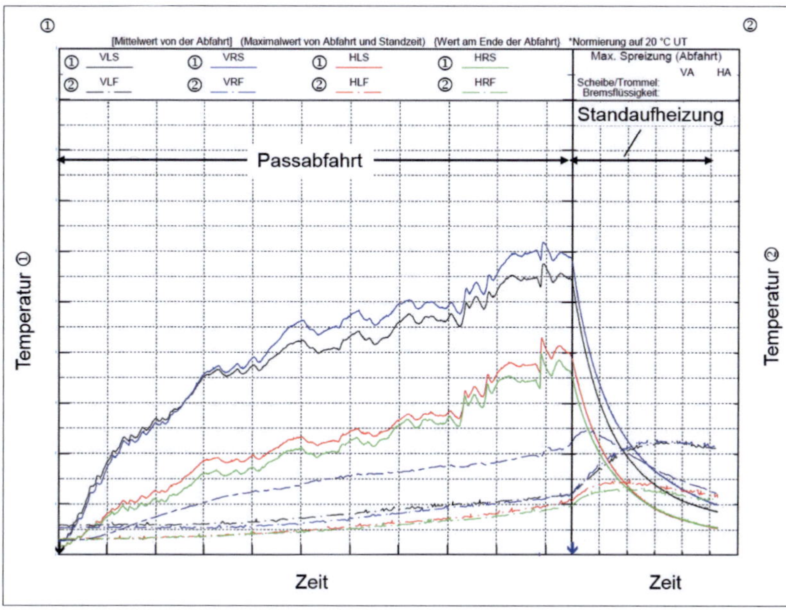

Abb. 2.18: Charakteristische Temperaturverläufe der Radbremsen bei einer alpinen Passabfahrt

Um das Gebirgspanorama genießen zu können, sind Touristen mit ihrem vollbeladenen PKW oft in einem niedrigen Geschwindigkeitsbereich unterwegs mit der Konsequenz einer Dauerbetätigung der Betriebsbremse, um den beschleunigenden Hangabtriebskräften entgegenzuwirken. Folglich findet ein kontinuierlicher Energieeintrag in die Radbremsen statt und auf Grund der geringen Fahrgeschwindigkeit von ungefähr 40 km/h wirkt keine effektive Bremsenkühlung, sodass die Betriebstemperaturen der Radbremsen kontinuierlich ansteigen. Infolge des ständigen Kontakts zwischen den Bremsscheiben und den

Bremsbelägen wird die Energie über die Radbremskolben in die Bremsflüssigkeit geleitet, welche sich kontinuierlich erhitzt. Es ergibt sich ein charakteristisches Temperaturprofil, Abb. 2.18, am Beispiel der „Großglockner-Passabfahrt". Das Streckenprofil aus Abb. 12.2 wird nach einem definierten Zeitplan in gleicher Weise abgefahren.

Hinzu kommt, dass sich zwar bei der an die Passabfahrt angeschlossenen Standaufheizung die Bremsscheiben und Bremsbeläge abkühlen, es jedoch zu einem weiteren Temperaturanstieg der Bremsflüssigkeit kommt. Abgesehen davon dürfen auch andere Fahrwerkskomponenten, wie beispielsweise die Radlager, bauteilspezifische Grenztemperaturen nicht überschreiten. Die Temperaturanstiege dieser umliegenden Fahrwerkskomponenten werden maßgeblich durch die Konduktions- und Konvektionsvorgänge der in den Radbremsen umgesetzten Energie beeinflusst. Insofern ist bei einer Reduktion der Radbremsen mit dem einhergehenden Anstieg der Betriebstemperaturen darauf zu achten, dass die zulässigen Maximaltemperaturen anderer Bauteile nicht überschritten werden.

Leistungstests

Bei den Leistungstests werden der Bremswegtest und der Bremsleistungstest unterschieden. Der „Bremswegtest", auch AMS- oder Folgestopptest genannt und bekannt aus der Motorfachpresse „Auto Motor und Sport", dient dazu, die Bremswege des vollbeladenen Fahrzeugs in der Regel aus 100 km/h in den Stillstand bei kalter und heißer Bremse zu ermitteln, um die Fadingneigung, d. h. das Nachlassen der Bremswirkung mit steigender Bremsentemperatur, bewerten zu können, Abb. 2.19. Bei ZEV werden aktuell auch andere Prozeduren praktiziert [43], um die Leistungsfähigkeit und Standfestigkeit der Bremsen zu bewerten.

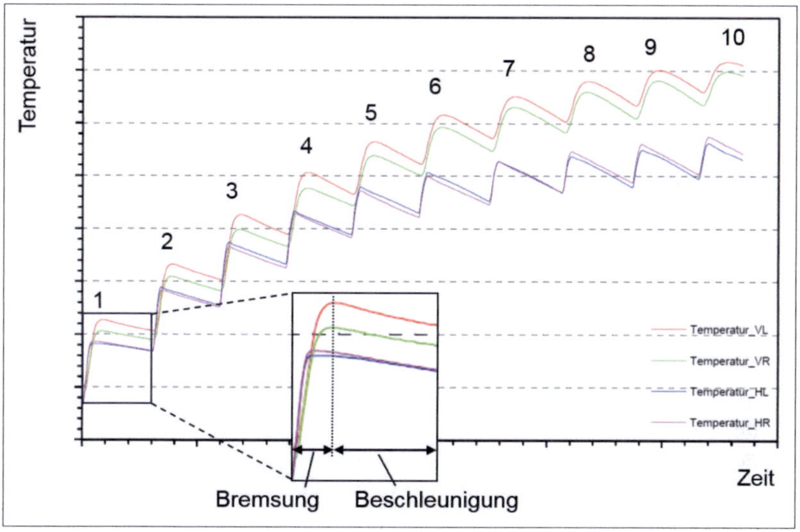

Abb. 2.19: Charakteristische Temperaturverläufe der Radbremsen während des Bremswegtests

Der Temperaturverlauf ergibt sich durch die zeitlich kurzen Aufheizphasen nach einer Bremsung und die längeren Abkühlphasen während der Beschleunigung oder Fortbewegung des Fahrzeugs mit konstanter Fahrgeschwindigkeit. Der als „Bremsleistungstest" bezeichnete Test ist durch höhere Geschwindigkeiten aber niedrigere Verzögerungen charakterisiert mit dem Ziel, eine zügige Autobahnfahrt zu simulieren. Dabei orientieren sich die Prüfgeschwindigkeiten an der Höchstgeschwindigkeit des Fahrzeugs und es ergibt sich der in Abb. 12.3 dargestellte charakteristische Verlauf der Bremsentemperaturen.

3 Forschungsbedarf zur Auslegung zukünftiger Radbremsen

Aus den differenten Eigenschaften zwischen dem elektrischen und konventionellen Antriebsstrang sind neue Anforderungen an die konstruktiven Merkmale der Radbremsen zu erwarten. Die Basis zur methodischen Konzeption und Auslegung der Radbremsen von Elektrofahrzeugen erfordert zunächst die Untersuchung der Betriebsbedingungen, wie sie auch bei anderen Fahrzeug- und Fahrwerkskomponenten erfolgt [44], die auf die spezifischen Belastungen des elektrischen Antriebsstrangs angepasst werden. Die darauf aufbauenden Gestaltungsrichtlinien zur konstruktiven Ausführung der Scheibenbremsen werden vom Leistungsvermögen des Elektromotors, der Leistungselektronik und der Traktionsbatterie geprägt. Ebenso spielt das Blending des Bremsmoments der Reibbremse und des Bremsmoments des Elektromotors während einer Bremsung eine Rolle. Infolgedessen sind die Einflüsse der Rekuperationsleistung durch die reduzierten Energieumsätze, die thermischen Belastungen der Radbremsen und deren Verschleißverhalten, verglichen mit konventionell angetriebenen Fahrzeugen, zu quantifizieren. Hierbei spielen das Konzept des rekuperativen Bremssystems sowie die Betriebsstrategie(n) zur Steuerung der Rekuperationsleistung eine zentrale Rolle. Die Methodik zur Konzeption und Auslegung soll sich allerdings nicht nur auf eine konstruktive Neuorientierung im Sinne von Dimensionierungsrichtlinien konzentrieren, sondern auch auf die Art des Erprobens mit Blick auf die Wahl der Fahrmanöver.

Der Abgleich mit dem derzeitigen Stand der Wissenschaft (Kapitel 2) ergibt die unter den folgenden Überschriften näher detaillierten Forschungsbedarfe auf dem Feld der Auslegung von Radbremsen für PKW mit Rekuperationseigenschaft.

a) Elektrischer Antriebsstrang

Der elektrische Antriebsstrang ermöglicht im Gegensatz zum konventionellen Antriebsstrang neben dem Vortrieb auch eine höhere Verzögerung, mit dem Nebeneffekt der Rückgewinnung beziehungsweise Speicherung der Energie des Bremsvorgangs.

Aus den Analysen der Rekuperationssysteme wird der Bedarf gesehen, die Kenngrößen der Batterieladeleistung weiter in den Ladezustand und die Batterietemperatur aufzulösen, da diese die Rekuperationsleistung beeinflussen können. Wichtig ist in diesem Kontext die Integration beziehungsweise die Berücksichtigung der Kenndaten des elektrischen Energiespeichers in das Modell zur Darstellung der maximal möglichen Rekuperationsleistung und die Analyse darüber, welcher der

Batterieparameter den sensitivsten Einfluss auf das Rekuperationsvermögen hat, um dies bei entsprechenden auslegungsrelevanten Fahrmanövern selektiv bewerten zu können.

Bei „schärferen" Fahrzyklen wurde stets von einer konstanten Antriebsleistung ausgegangen. Diverse Pressetests und Prüfprozeduren weisen jedoch darauf hin, dass bei extremen Fahrmanövern mit direkt aufeinanderfolgenden, mehreren starken Beschleunigungen und Verzögerungen der elektrische Antriebsstrang stark belastet wird und sich dies in nachlassenden Antriebsleistungen, dem sogenannten „Derating", auswirken kann. Demzufolge ist der Einfluss dieses Verhaltens auf die thermische Belastung der Radbremsen in den spezifischen Tests der OEM und der Motorfachpresse zu untersuchen. Es muss außerdem der Frage nachgegangen werden, wie sich die Kenngrößen des elektrischen Antriebsstrangs während dieser Fahrmanöver verhalten, um deren Relevanz für die Auslegungsmethodik abschätzen zu können.

Aus wissenschaftlicher Sicht ist zur Ableitung von Konstruktionskonzepte systematisch zu untersuchen, wie viel Rekuperationsleistung beziehungsweise welches Verhältnis von Antriebs- zu Rekuperationsleistung zu welchem Reduktionspotential an der Radbremse führt. Bisher gibt es lediglich Hinweise darauf, dass die Radbremse kleiner dimensioniert werden könnte, ohne konkrete Richtlinien in Abhängigkeit der Kenngrößen des elektrischen Antriebsstrangs zu definieren. Jedoch ist eine allgemeingültige Aussage anzustreben.

Beim elektrischen Antriebsstrang sind diverse Antriebsstrangtopologien mit einer oder mehreren Antriebsachsen und Konfigurationen (Batterie, Kondensator, Schwungrad) möglich, deren Auswirkungen auf die Gestaltung der Radbremsen differenziert und berücksichtigt werden müssen, sowie die Prüfung, ob die Einführung von Unterscheidungsrubriken sinnvoll ist. Möglicherweise gibt es bei Hochleistungsbremsungen Potential für Supercaps in Bezug auf Rekuperation und Bremsenauslegung.

b) Rekuperatives Bremssystem

Bei PKW mit elektrischem Antriebsstrang und Rekuperationsfunktion werden sowohl gekoppelte als auch entkoppelte rekuperative Bremssysteme eingesetzt. Dabei wird den entkoppelten Systemen hinsichtlich des Bedienkomforts und des Pedalgefühls, der rekuperierbaren Energiemenge und der maximalen Rekuperationsleistung der Vorrang gegeben. Im Speziellen soll der Hinweis der unterschiedlichen rekuperierbaren Energiemengen verfolgt werden, um den Einfluss auf den Temperaturhaushalt der Radbremsen bei Passabfahrten und den Leistungstests zu quantifizieren und die Rückwirkungen auf die Dimensionierung der Radbremsen bewerten zu können. Auch unterscheiden sich die beiden Konzepte hinsichtlich ihrer maximal möglichen Verzögerung, wobei hier von Interesse wäre, mit welchem System die alltäglichen Bremsereignisse am besten erfüllt werden.

Neben der Batterie kann die kinetische Energie beim Bremsen auch mittels eines Schwungrades oder Kondensators gespeichert werden. Beide Varianten können ebenso ergänzend zur Traktionsbatterie eingesetzt werden und unterstützend in Arbeitspunkten wirken, in denen die Rekuperationsleistung durch die Betriebsparameter der Batterie eingeschränkt werden würde. Die fahrmanöverspezifischen Vor- und Nachteile der Konfigurationen sollten erarbeitet werden, um aus Bremsensicht das Optimum empfehlen zu können.

c) Betriebsstrategie Rekuperation

Aus dem vorigen Kapitel geht hervor, dass ein vergleichsweise hohes Schleppmoment von 2,25 m/s^2 bei PKW mit elektrischem Antriebsstrang, das auf dem Gaspedal appliziert wurde, von Probanden die meiste positive Resonanz bekam. Daraus resultiert die Fragestellung, wie sich bei einer Passabfahrt und den leistungsorientierten Fahrtests unterschiedliche Betriebsstrategien zur Steuerung der Rekuperation auf den Temperaturhaushalt der Radbremsen auswirken können. Ebenso sollte der Frage nachgegangen werden, inwieweit die Höhe des applizierten Schleppmoments das Fahr- beziehungsweise Bremsverhalten im Alltag, im Vergleich zu Fahrzeugen mit konventionellem Antrieb und ohne Rekuperationsfunktion, beeinflusst.

d) Belastung der Radbremsen

Mit der Rekuperationsleistung wird primär eine entlastende Wirkung auf die Reibbremsen verbunden. Jedoch stützen sich diese Aussagen meist auf Verbrauchszyklen oder Fahrmanöver mit relativ geringen Verzögerungen und bilden den Großteil der Bremsungen im Alltagsbetrieb ab. Selbst die höheren Verzögerungen, die betrachtet werden, liegen mit maximal 0,7g weit entfernt von denen einer Vollbremsung mit bis zu 1,1g bei vollbeladenem Fahrzeug aus 100 km/h, bei denen zusätzlich fahrzeugstabilisierende Regeleingriffe notwendig werden. Die erwähnten Verzögerungen aus vergleichsweise geringen Geschwindigkeiten orientieren sich an typischen Elektro-Kleinwagen für den Stadtbetrieb mit geringen maximal erreichbaren Höchstgeschwindigkeiten. Werden allerdings leistungsstärkere Elektrofahrzeuge, wie beispielsweise der Tesla Model S, und die Auslegungstests der OEM und der Motorfachpresse berücksichtigt, treten weitaus höhere Geschwindigkeiten und Verzögerungen respektive Bremsleistungen auf, die im Wesentlichen die Dimensionierung der Radbremsen hinsichtlich deren Temperaturhaushalt bestimmen und folglich bei der Auslegung berücksichtigt werden müssen. Ebenso ist die Rekuperationsfähigkeit vom Fahrzyklus abhängig. Letztendlich muss erarbeitet werden, welcher heutige bremsenspezifische Fahrzyklus aus thermischer Sicht die größte Belastung für die Radbremsen von PKW mit elektrischem Antriebsstrang darstellt und somit auslegungsbestimmend ist.

Hinzu kommt, dass keine detaillierte wissenschaftliche Ausarbeitung zum Verhalten des regenerativen Bremssystems und der Radbremskomponenten während einer Gefällefahrt recherchiert werden konnte, die auch durch Messdaten validiert wurde. Verfügbar ist jedoch ein Modell zur Simulation der Bremsflüssigkeitstemperatur bei einer Gefällefahrt [47]. Klassischerweise handelt es sich bei dieser Belastungsart um eine längere Passabfahrt, z.B. am Großglockner in den österreichischen Alpen, die als Dauerbremsung bei geringen Geschwindigkeiten ausgeführt wird. Zur thermischen Absicherung der Radbremsen und zur Analyse der Energiebilanz in Abhängigkeit der Rekuperationsleistung und weiteren Eigenschaften des elektrischen Antriebsstrangs ist dieser Lastfall zu betrachten, besonders im Hinblick auf die in der Literatur allgemein erwähnten Potentiale zur Reduktion der

Radbremsen bei Fahrzeugen mit elektrischem Antriebsstrang. Aus aktuellem Anlass ist bei der Erarbeitung der Auslegungs- und Konzeptionsrichtlinien der Kontext zum autonomen Fahren herzustellen und dessen Auswirkungen abzuschätzen. Vor dem Hintergrund steigender Anforderungen des Gesetzgebers an die Automobilindustrie zur Senkung der CO_2-Emission der Fahrzeugflotten gewinnt Leichtbau zunehmend an Bedeutung. Den oftmals kostenintensiveren Lösungen zur Reduktion des Fahrzeuggewichts sind die drohenden Strafzahlungen der Hersteller bei Überschreitung der CO_2-Grenzen gegenüberzustellen. Motiviert durch die Entlastung der Radbremsen durch die Rekuperation ist dieser Downsizing-Aspekt bei den Konstruktionsrichtlinien von Radbremsen zukünftiger Elektrofahrzeuge zu berücksichtigen.

e) Verschleiß der Radbremsen

In den Ausführungen zum Stand der Wissenschaft wird darauf hingewiesen, dass sich die Rekuperation auf die Temperaturen der Radbremsen, die Bremsbelaglebensdauer sowie auf das Korrosions- und Reibverhalten auswirkt. Es gibt aber keine konkreten Quantifizierungen oder Darstellungen, die bei einem gegebenen PKW mit elektrischem Antriebsstrang die Dimensionierung der Radbremsen beschreibt. Pauschale Angaben zur erreichten Bremsbelaglebensdauer in Abhängigkeit von einer gegebenen Rekuperationsleistung stützen sich meist auf einen Fahrzyklus. Vielmehr ist an dieser Stelle zu untersuchen, wie sich unterschiedliche Einsatzgebiete, beispielsweise die reine Stadtnutzung oder Autobahnnutzung, auf den Verschleiß der Radbremsen auswirken und dies am besten durch reale Fahrzeugmessungen zu untermauern. Im Hinblick auf die aktuelle Feinstaubdebatte muss eine Aussage darüber möglich sein, inwieweit die Rekuperation des Antriebsstrangs das Partikelemissionsverhalten der Reibbremsen beeinflusst.

Zusammenfassend kann konstatiert werden, dass in der Literatur einige Hinweise gegeben werden, wie sich die Rekuperation auf das Bremssystem und speziell auch auf die Radbremse auswirkt oder auswirken könnte, ohne dabei alle Gesichtspunkte wissenschaftlich und systematisch zu untersuchen und zu belegen. Möglicherweise bestehen diese Defizite auch, weil Erfahrungswerte oder Angaben zum Kundennutzungsverhalten dieser Fahrzeuge fehlen [34]. Einige dieser offenen Themenstellungen werden in der Präzisierung der Aufgabenstellung im nachfolgenden Kapitel aufgegriffen und in der vorliegenden Arbeit weiter verfolgt, um ein Optimum der Anpassung der Radbremse finden zu können, wobei die Auslegung und Konzeption immer einen Kompromiss aus Leistungsfähigkeit, Raumbedarf, Komfort, Gewicht und Kosten darstellen wird [45].

4 Präzisierung der Aufgabenstellung

Die Motivation, der aktuelle Stand der Wissenschaft und die daraus abgeleiteten Forschungsbedarfe führen zu einer präzisierten Aufgabenstellung, die in diesem Kapitel vorgestellt wird. Bei der Neu- und Weiterentwicklung von PKW spielen beispielsweise die Reduktion des CO_2-Ausstoßes während des Fahrbetriebs, Leichtbau, Packaging bzw. Bauraumoptimierung, NVH (Noise Vibration Harshness) und die Reduktion der ungedämpften Massen durch die Optimierung beziehungsweise belastungsgerechte Konzeption und Auslegung von Komponenten eine entscheidende Rolle. Die Zielsetzung der vorliegenden Arbeit ist es eine Methode zu entwickeln, um die Radbremsen eines ZEV entsprechend deren Belastungen so auszulegen, dass diese thermisch abgesichert sind und hierbei auch das Verschleißverhalten infolge der Rekuperation berücksichtigt wird. Darüber hinaus sollen die Chancen auf konzeptionelle und auslegungsrelevante Optimierungspotenziale aufgezeigt werden. Der Fokus liegt auf Scheibenbremsanlagen, die heute den Stand der Technik im Automobilbau darstellen. Trommelbremsen finden sich nur noch an den Hinterachsen kleiner und kostengünstiger Fahrzeuge wieder. Bei der Erarbeitung der Dimensionierungsrichtlinien, mit dem Ziel einer konstruktiven Neuorientierung, sollen analytische und experimentelle Methoden angewandt werden.

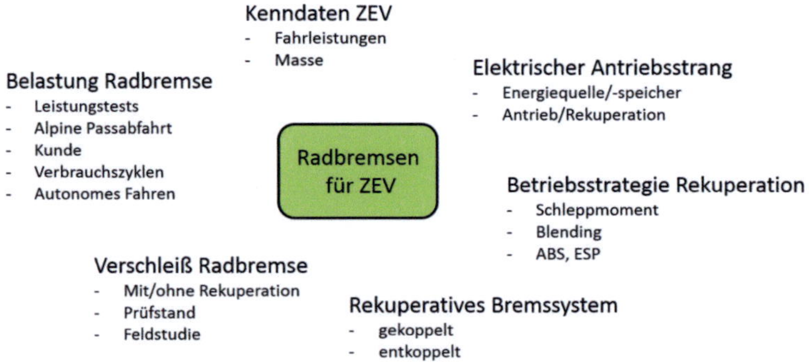

Abb. 4.1: Zu untersuchende Einflussfaktoren auf die Dimensionierung der Radbremsen eines ZEV

In dieser Arbeit werden die in Abb. 4.1 veranschaulichten Einflussfaktoren näher aufgelöst und deren Relevanz auf die Konzeption und Auslegung der Radbremsen gewichtet. In Kombination mit den Forschungsbedarfen lassen sich die nachfolgenden Hypothesen formulieren, die im Rahmen dieser Arbeit bestätigt oder widerlegt werden:

I. Bei der Auslegung der Radbremsen von PKW mit elektrischem Antriebsstrang sind die konzeptionellen Unterschiede zwischen BEV und HEV zu differenzieren.

II. Bei der Auslegung der Radbremsen spielt bei ZEV (BEV) die Antriebsleistung, das heißt die Charakteristik der Leistungsabgabe, eine nicht zu vernachlässigende Rolle.

III. Die Kombination von Batterie und Kondensator ermöglicht eine stärkere Entlastung der Radbremsen durch die Erweiterung der idealen Betriebsbedingungen für die Rekuperationsleistung.

IV. Die Wahl der Rekuperations-Betriebsstrategie kann die Dimensionierung der Radbremsen beeinflussen. Ebenso sind bei der Auslegung die Zustandsgrößen des elektrischen Antriebsstrangs (SOC, T_{Batt}) im Alltagsbetrieb zu berücksichtigen.

V. Die Art der Einzelzellen des Batteriepacks (Hochleistungs- vs. Hochenergiezellen) und potenzielle Zukunftstrends, besonders in der Batterieentwicklung, müssen berücksichtigt werden und haben Rückwirkungen auf die Auslegung der Radbremsen.

VI. Im Fahrversuch sind hinsichtlich der thermischen Belastung der Radbremsen für BEV andere Testzyklen auslegungskritisch als für Fahrzeuge mit konventionellem Antriebsstrang.

VII. Das Reduktionspotenzial der Massen der Radbremskomponenten ist genauer zu untersuchen und der Bezug zu den Testprozeduren herzustellen. Ohne die Abwendung von den Leistungstests kann das Potenzial der Rekuperation zur Auslegung und Konzeption der Radbremsen nicht komplett ausgeschöpft werden.

VIII. Die Rekuperation bewirkt neben dem geringeren Verschleiß auch ein geändertes Emissionsverhalten der Bremsscheiben und -beläge und kann auf dem Prüfstand abgebildet werden.

Abb. 4.2 gibt einen grafischen Überblick zum Ablauf der Kapitel, zur Erarbeitung der Methoden und zur Beurteilung der aufgestellten Hypothesen.

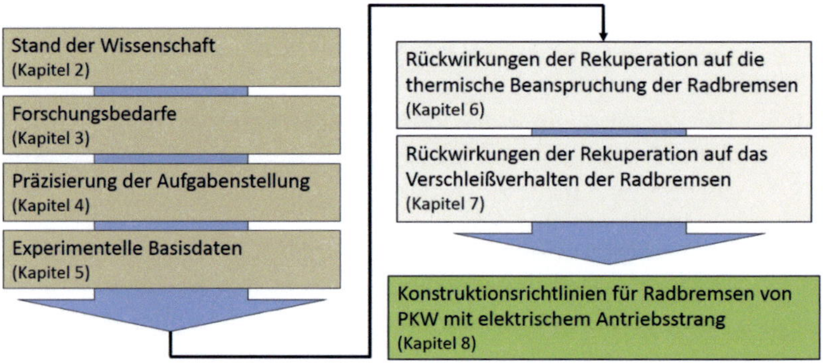

Abb. 4.2: Teilaufgaben der vorliegenden Arbeit

Nach der Erarbeitung des Standes der Wissenschaft, der Ableitung der Forschungsbedarfe und der Präzisierung der Aufgabenstellung werden in Kapitel 5 die Generierung der Messdaten sowie die Versuchsumgebungen und die Auswertemethodik beschrieben. Dabei sollen Fahrversuche zur Ermittlung von Eingangsgrößen in theoretischen Betrachtungen und deren Validierung durchgeführt werden. Darüber hinaus stellt der Fahrversuch die verlässlichste Methode dar, um das Verhalten des elektrischen Antriebsstrangs während der Fahrzyklen zu bestimmen, welches nur schwer simulativ prognostizierbar ist. Kapitel 6 widmet sich unter anderem einer simulationsbasierten Parameterstudie, um die Rückwirkungen der Rekuperationsleistung auf den Temperaturhaushalt der Radbremsen zu betrachten und die relevanten Kenndaten des elektrischen Antriebsstrangs zu identifizieren. Zur Simulation bzw. Berechnung der Bremsentemperaturen in Abhängigkeit des Fahrzyklus soll das in [42] entwickelte Berechnungstool eingesetzt und um die Rekuperationseigenschaft erweitert werden. Der Vorteil dieser Methode liegt in den gleichbleibenden Umgebungsbedingungen, insbesondere bei

Vergleichsbetrachtungen. Außerdem soll untersucht werden, wie sich spezifische Eigenschaften des elektrischen Antriebsstrangs, z.B. der Verlauf und der Einfluss der Antriebsleistung, auf die Temperaturen der Radbremsen auswirken. Dabei werden unterschiedliche Antriebsstrategien mit Blick auf die maximale und dauerhafte Antriebsleistung berücksichtigt und letztendlich mit dem Einfluss der Rekuperationsleistung kombiniert. Generell kann zwischen gekoppelten und entkoppelten rekuperativen Bremssystemen unterschieden werden. Die theoretischen Betrachtungen der folgenden Kapitel beschreiben im Prinzip den idealen Fall, das heißt ein entkoppeltes System, wohingegen sich die Datenbasis dieser Arbeit auf Fahrzeuge mit gekoppeltem Bremssystem stützt. Bei den analytischen und experimentellen Untersuchungsmethoden der Belastung der Radbremsen bei ZEV spielt auch jedes Mal die Betriebsstrategie der Rekuperationsleistung des elektrischen Antriebsstrangs eine Rolle. In diesem Zusammenhang werden die in Kapitel 5 vorgestellten verschiedenen Ansätze zur Umsetzung der Rekuperation hinsichtlich deren Rückwirkungen auf den Temperaturhaushalt und auf das Verschleißverhalten betrachtet. Zunächst stehen die Belastungen im Vordergrund, wie sie durch die Leistungstests der OEM und der Motorfachpresse, bei alpinen Passabfahrten oder im Kundenbetrieb auftreten. Ebenso sollen die Verbrauchszyklen berücksichtigt werden sowie der Bezug zum autonomen Fahren hergestellt werden. Die Bewertungsgrundlage bilden hierbei die Bremsleistungsanforderungen des jeweiligen Tests, die Energiebilanz an den Radbremsen, der Verlauf der Kenndaten des elektrischen Antriebsstrangs während der Tests und die resultierenden Radbremsentemperaturen. Gestützt werden die Betrachtungen durch experimentelle Daten, deren Basis in Kapitel 5 vorgestellt wird. Auf Grund der von den konventionell angetriebenen Fahrzeugen abweichenden Fahrleistung, soll der für die ZEV kritischste Auslegungstest zur Absicherung der thermischen Stabilität der Radbremsen identifiziert werden.

In Kapitel 7 werden die Rückwirkungen der Rekuperation auf das Verschleißverhalten der Radbremsen untersucht und quantifiziert. Dabei wird ein Prüfling am Schwungmassenprüfstand (SMP) synthetischen Fahrzyklen unterzogen, bei denen einmal die Rekuperation simuliert und einmal deaktiviert wird. Unter diesen laborähnlichen Prüfbedingungen sollen die Einflüsse der Rekuperation auf den Bremsenverschleiß in Abhängigkeit der einzelnen Zyklen sichtbar werden. Parallel dazu wird eine Feldstudie ausgewertet, bei der der Bremsenverschleiß von rekuperationsfähigen PKW dem von konventionellen gegenübergestellt wird, wobei sich alle Fahrzeuge in der Hand von Realkunden befanden und der Zeitraum der Betrachtungen mehrere Monate beziehungsweise einige tausend Kilometer betrug.

Schließlich können in Kapitel 8, basierend auf den Ergebnissen der vorangegangenen zwei Kapitel, Konstruktionsansätze abgeleitet werden. Ziel ist es, dem aktuellen Trend zum „Baukastenprinzip“ zu folgen und dieses anzuwenden. Basierend auf den Untersuchungen zur Rückwirkung der Rekuperation auf das Verschleißverhalten soll der Bezug zur Bremsstaubemission nicht außer Acht gelassen werden und eine globale Einordnung erfolgen.

5 Experimentelle Basisdaten

Im Rahmen der experimentellen Methoden dieser Arbeit wurden zur Generierung von Basisdaten und zur Validierung von analytischen Methoden sowohl Fahrversuche als auch Prüfstandsversuche durchgeführt. Der Aufbau der Versuchsfahrzeuge, die eingesetzte Messtechnik, die Messgrößen sowie das Prüfprozedere zur Charakterisierung der thermischen Beanspruchung der Radbremsen von PKW mit elektrischem Antriebsstrang werden in den nächsten Abschnitten vorgestellt.

Das Verschleißverhalten, unter Berücksichtigung der Rekuperationsleistung des Antriebsstrangs, wurde am Schwungmassenprüfstand und anhand der Datenerhebung und -auswertung aus Feldmessungen quantifiziert.

5.1 Versuchsumgebung und -parameter

a) Kenndaten der Versuchsfahrzeuge

Zur Schaffung der Datenbasis für die Analyse der Betriebstemperaturen der Radbremsen und des elektrischen Antriebsstrangs wurden batterieelektrische Fahrzeuge mit Rekuperationsfunktion eingesetzt. Die Versuchsfahrzeuge sind den Segmenten der Kleinst- und Kompaktwagen zuzuordnen. Tab. 12.2 können deren grundlegende Kenndaten entnommen werden. Die dabei angegebene Reichweite s_{NEFZ} ist die im NEFZ-Zertifizierungszyklus erreichte Distanz.

Um die Rückwirkungen der Rekuperationsleistung des elektrischen Antriebsstrangs auf den Verschleiß der Radbremsen bewerten zu können, wurden Fahrzeuge mit konventionellem und hybridem Antriebsstrang ausgewählt. Bei dem Hybridfahrzeug handelt es sich um einen Kompaktwagen, dessen technische Daten Tab. 12.5 zu entnehmen sind. Von diesem Fahrzeug existiert ebenfalls eine konventionell angetriebene Variante (Fahrzeug E).

b) Elektrischer Antriebsstrang

In Tab. 5.1 sind weiterführende Details zu den elektrischen Antriebssträngen zusammengefasst. Bei den E-Maschinen handelt es sich jeweils um Zentralmotoren mit einem Ein-Gang-Getriebe, die über Achswellen an die Räder angebunden sind. Bei den Fahrzeugen A und C wird über die Vorderachse angetrieben und rekuperiert, beim Fahrzeug B über die Hinterachse. Die Batterien aller Versuchsfahrzeuge basieren auf der Lithium-Ionen-Technologie. Die Antriebsleistung des Gesamtsystems $P_{elAntrieb,Sys}$ wird bestimmt durch die geringste Maximalleistung der Einzelkomponenten, welches in der Regel die Traktionsbatterie ist. Die Maximalleistung (Peak) steht nur für eine bestimmte Dauer zur Verfügung bis sie auf das Niveau der Dauerleistung (Cont) reduziert wird.

Tab. 5.1: Kenndaten der elektrischen Antriebsstränge

Fahrzeug	E-Maschine	Rekuperations-achse	Batterie	E_{Batt}	$P_{elAntrieb,Sys}$ Peak/Cont	$M_{elAntrieb,Sys}$
Einheit	-	-	-	kWh	kW	Nm
A	Permanenterregte Synchronmaschine	Vorderachse	Li-Ion	36	70/50	290
B	Permanenterregte Synchronmaschine	Hinterachse	Li-Ion	17,6	55/35	130
C	Asynchronmaschine	Vorderachse	Li-Ion	28	130/60	340

Die Kenndaten der Antriebsstränge der Fahrzeuge zur Untersuchung des Bremsenverschleißverhaltens beinhaltet Tab. 12.6. Beide Fahrzeuge werden über die Vorderachse angetrieben, unterscheiden sich aber durch die Art der Generierung des Vortriebs. Bei dem Fahrzeug D handelt es sich um einen PKW mit Rekuperationsfunktion an der Vorderachse. Bestandteil des Antriebsstrangs ist eine Hochleistungsbatterie mit geringem Energieinhalt aber hoher Ladeleistungsfähigkeit. Fahrzeug E bezeichnet die PKW der Feldstudie der gleichen Baureihe wie Fahrzeug D und umfasst mit den Benzin- und Dieselmotoren die konventionell betriebenen Referenzfahrzeuge.

c) Radbremsen

Tab. 12.3 stellt eine Übersicht der in den Versuchsfahrzeugen eingesetzten Radbremsen dar. Bei den Bremsen handelt es sich sowohl um Faustsattelbremsen mit konventionellen Graugussbremsscheiben aus dem Serien-Baukasten als auch um modifizierte Radbremsen. Bei den leichten Bremsen (leicht) wurden die Reibringe in ihrer Dicke um 10% reduziert, bei der reduzierten Bremse (red) wurden zusätzlich die kleineren Bremszangen der Bremse „276x12mm,massiv" eingesetzt (-0,4kg/Sattel) sowie die Länge der Bremskolben um 10 mm reduziert.

d) Bremssysteme

Eine ausführliche Darstellung zu den installierten Bremsanlagen der drei Versuchsfahrzeuge beinhaltet Tab. 5.2. Bei den eingesetzten rekuperativen Bremssystemen handelt es sich um konventionelle, gekoppelte Bremssysteme, die eine mechanische Schließwegverlängerung aufweisen. Innerhalb dieser trockenen Lücke kann rekuperiert werden bis nach der Überwindung des Leerwegs der hydraulische Bremsdruck weiter gesteigert wird und das elektrische Bremsmoment des E-Motors und das hydraulische Bremsmoment der Radbremsen parallel wirken.

Tab. 5.2: Kenndaten der Bremsanlagen

Fahrzeug	Brems-system	Rekuperation	Schlepp-moment	Basis-Radbremse		HA-Bremskraft-anteil Φ
				VA	HA	
Einheit	-	-	-	mm	mm	-
A	Gekoppelt	Schließweg-verlängerung	variabel	288x25 belüftet	258x8 massiv	0,19
B	Gekoppelt	Schließweg-verlängerung	fest	280x9,7 massiv	Trommel	0,30
C	Gekoppelt	Schließweg-verlängerung	variabel	295x28 belüftet	295x10 massiv	0,24

Bei den Fahrzeugen ist zudem bereits bei der Entlastung des Gaspedals ein Schleppmoment des Antriebsstrangs („Motorbremse") appliziert, dessen Betrag bei zwei Fahrzeugen vom Fahrer variiert werden kann.

Tab. 12.7 fasst die wichtigsten Merkmale der Bremssysteme der Fahrzeuge der Feldstudie zusammen. Beide sind mit einem konventionellen Bremssystem ausgestattet, wobei die Hybridvariante eine Schließwegverlängerung mit Rekuperationsfunktion aufweist. Die Radbremsen an den Vorderachsen sind identisch, lediglich die der Hinterachsen unterscheiden sich. Bei Fahrzeug D ist die Betriebsstrategie 3 von Fahrzeug A implementiert, wobei sich die absoluten Leistungsdaten unterscheiden.

e) Betriebsstrategien

Die bei den Fahrversuchen umgesetzten Betriebsstrategien bezüglich der Rekuperationscharakteristik sind in Tab. 12.4 im Anhang zusammengefasst.

Die Wirkungsweisen der einzelnen Betriebsstrategien sollen anhand der nachfolgenden Abb. 5.1 grafisch dargestellt und erläutert werden.

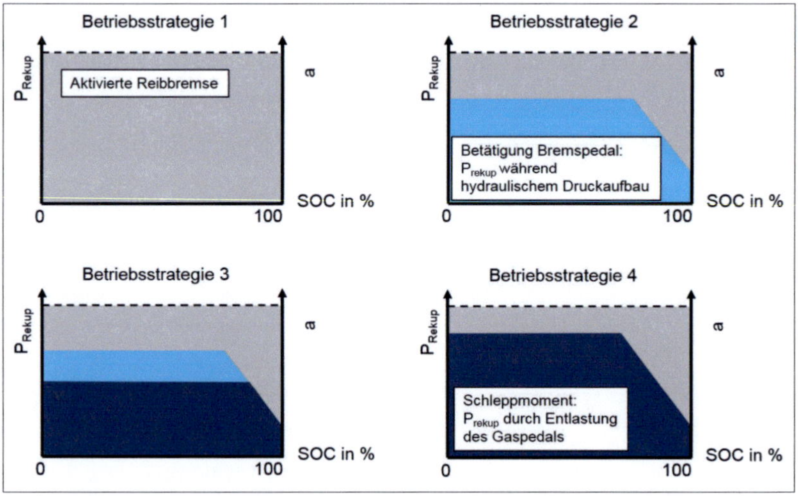

Abb. 5.1: Grafische Darstellung der Betriebsstrategien zur Rekuperation

Betriebsstrategie 1

Entsprechend Abb. 5.1 stellt diese Betriebsstrategie ein Bremssystem ohne rekuperative Bremsleistung beziehungsweise generatorische Verzögerung dar und es kommt bei einer Bremsung nur die Reibbremse zum Einsatz.

Betriebsstrategie 2

Die Betriebsstrategie 2 stellt einen Segelmodus dar, das heißt bei der Entlastung des Gaspedals wird kein Schleppmoment aufgebaut und das Fahrzeug verzögert lediglich über die Fahrwiderstände. Betätigt der Fahrer das Bremspedal wird der Bremslichtschalter (BLS) aktiviert und die Rekuperationsleistung wird gesteigert. Ab einer bestimmten Verzögerung respektive eines definierten Pedalwegs des gekoppelten Bremssystems kommt es zu einem Mischbetrieb und die Reibbremse wird zusätzlich aktiviert.

Betriebsstrategie 3

Bei der Betriebsstrategie 3 kommt es bei der Entlastung des Gaspedals zunächst zu einem Schleppmoment, hervorgerufen durch den elektrischen Antriebsstrang. Möchte der Fahrer stärker verzögern, erhöht sich bei Betätigung des Bremspedals die Rekuperationsleistung weiter, bis es ab einer bestimmten Verzögerung analog zu Betriebsstrategie 2 zu einem Mischbetrieb von Elektromotor und Reibbremse kommt.

Betriebsstrategie 4

In Betriebsstrategie 4 wird ein vergleichsweise hohes Schleppmoment auf das Gaspedal appliziert, sodass die Verzögerung über dessen Betätigung moduliert werden kann. Besteht der Fahrerwunsch nach einer höheren Verzögerung, wird direkt die Reibbremse angesteuert, ohne dass die Rekuperationsleistung weiter gesteigert werden kann.

5.2 Datenbasis

Zur Charakterisierung der thermischen Beanspruchung der Radbremsen wurden während der Durchführung der Fahrversuche die Betriebsgrößen der Radbremsen und des elektrischen Antriebsstrangs sowie die Geschwindigkeitsprofile messtechnisch erfasst und aufgezeichnet.

a) Charakterisierung der thermischen Beanspruchung der Radbremsen

Bei den Leistungstests werden die Temperaturen in den Bremsscheiben mittels eingestemmtem NiCrNi-Thermoelement gemessen. Es befindet sich auf dem mittleren Reibringdurchmesser und auf Höhe der mittleren axialen Dicke des Reibrings, in der Regel im Kühlkanal. Da die Bremsabfolgen in einem relativ kurzen Zeitintervall stattfinden, sind die Temperaturen der Bremsflüssigkeit unbedeutend. Bei den alpinen Passabfahren hingegen findet über den Zeitraum der Dauerbremsung während der Gefällefahrt ein kontinuierlicher Energieeintrag in die Radbremse statt, wobei auf Grund der ständigen Wärmeleitung von der Bremsscheibe über den Bremsbelag und den Bremskolben die Bremsflüssigkeit erhitzt wird. Infolgedessen werden bei den Passabfahrten die Radbremsen und die umliegenden Fahrwerkskomponenten, wie beispielsweise Radlager, ABS-Sensor, Bremsschlauchfittinge und Spurstangengelenke, mit Thermoelementen ausgestattet, um deren Temperaturentwicklungen abzusichern. Die Bremsdrücke werden mittels Drucksensoren an den Radbremszylindern und dem Hauptbremszylinder aufgenommen.

b) Charakterisierung des Verschleißverhaltens

Um die Rückwirkungen der Rekuperation auf den Verschleiß der Radbremsen quantifizieren zu können, wurden die Bremsscheiben und Bremsbeläge in regelmäßigen Intervallen vermessen. Dabei wurde die Bremsscheibendicke in der Mitte des Reibradius mit einem Messschieber bestimmt. Die Bremsbeläge wurden auf die gleiche Weise an mehreren Punkten hinsichtlich ihrer Dicke vermessen. Bei den Prüfstandsversuchen wurde der Verschleiß wie im Fahrversuch über die Messung der Bremsscheiben- und Bremsbelagdicke ermittelt. Darüber hinaus wurden die Bremsscheiben und –beläge gewogen. Es wurde das Geschwindigkeitsprofil, sowie die Druck- und Temperaturverläufe gemessen und aufgezeichnet.

6 Rückwirkungen der Rekuperation auf die thermische Beanspruchung der Radbremsen

In diesem Kapitel werden, entsprechend Abb. 6.1, die thermischen Beanspruchungen der Radbremsen unter Berücksichtigung der Rekuperationseigenschaften des elektrischen Antriebsstrangs untersucht, um in Kapitel 8 konstruktive Neuorientierungen begründen zu können.

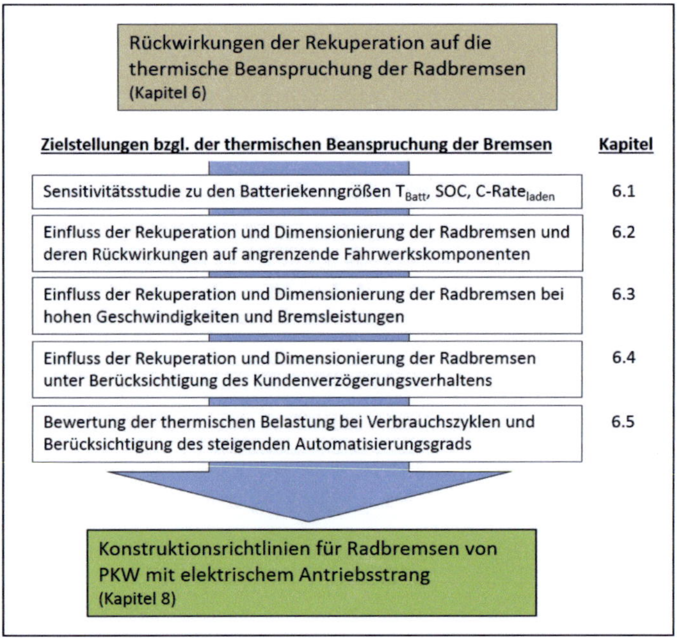

Abb. 6.1: Übersicht von Kapitel 6

Zunächst wird hierzu der generelle Einfluss der Batterieparameter, die das Rekuperationsvermögen bestimmen, auf die Bremsentemperatur analysiert und hinsichtlich der Relevanz gewichtet. In den nächsten Schritten werden systematisch die thermischen Belastungen bei einer Passabfahrt, bei Leistungstests, im Kundenfahrzyklus sowie bei Verbrauchszyklen und dem autonomen Fahren untersucht. Die Belastungskollektive der spezifischen Bremsentests werden im ersten

Ansatz jeweils mit analytischen Methoden durch die Anwendung des in [42] entwickelten Tools durchgeführt, dessen Ablauf in Abb. 6.2 skizziert wird. Das auf MS Excel basierende Berechnungsprogramm bilanziert demnach den Temperatureintrag durch die kinetische Energie beim Bremsvorgang und das Abkühlverhalten der Radbremsen im Fahrzeug. Die Abkühlkurven (vgl. exemplarisch Abb. 2.16) werden im Fahrversuch bei mehreren konstanten Fahrgeschwindigkeiten bei einer Bremsscheibentemperatur zwischen 600 °C und 100 °C ermittelt. In Verbindung mit der Berücksichtigung der temperaturabhängigen Wärmespeicherkapazität der Bremsscheiben und weiterer Fahrzeugparameter ergibt sich eine verlässliche Vorhersagemöglichkeit des zeitlichen Temperaturverlaufs in Abhängigkeit eines beliebigen Geschwindigkeitsprofils.

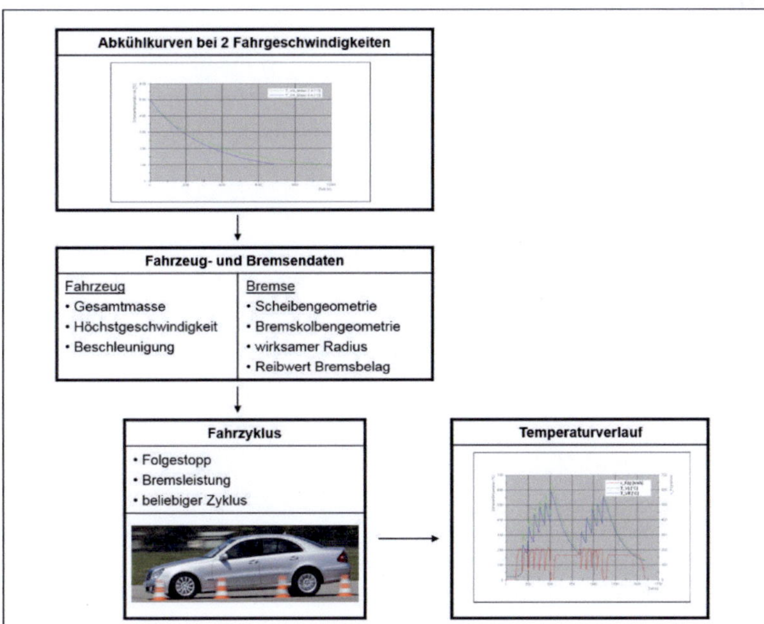

Abb. 6.2: Ablauf mit Berechnungstool aus [42]

Das Berechnungstool wurde weiterentwickelt, sodass die Rekuperationseigenschaft des elektrischen Antriebsstrangs mit berücksichtigt wird.

Dies wurde entweder durch die direkte Eingabe der maximalen Rekuperationsleistung und der Geschwindigkeit v_{grenz}, unterhalb derer die Rekuperationsleistung linear auf null reduziert wird (vgl. Abb. 2.3), oder durch die Eingabe grundlegender Batterieparameter und Fahrzeugkenndaten, die die resultierende Rekuperationsleistung beinflussen, erwirkt. Die letztere Methode wurde zur Analyse des Einflusses der Batterieparameter auf die Bremsentemperatur in Abschnitt 6.1 angewandt. Im Anschluss an die analytischen Methoden werden jeweils testspezifisch die Ergebnisse durch experimentell generierte Messdaten validiert und ergänzt. Grundsätzlich können zunächst die Auswirkungen der Rekuperation auf die thermische Beanspruchung der Radbremsen durch zwei Fragestellungen formuliert werden, unter deren Prämissen die Ansätze der nachfolgenden Kapitel aufbauen:

1. Können durch die Rückgewinnung der kinetischen und/oder potenziellen Energie beim Bremsvorgang die Betriebstemperaturen der Radbremsen signifikant reduziert werden, sofern deren Dimensionierung im Vergleich zu den konventionell angetriebenen PKW beibehalten wurde?

2. Können durch die Energierückgewinnung, unter Zielsetzung der gleichen Bremsenbetriebstemperaturen wie bei den konventionell angetriebenen PKW, die Radbremsen hinsichtlich der Bremsscheiben- und Bremssattelmassen reduziert ausgelegt werden?

6.1 Einfluss der Batterieparameter auf die Bremsentemperatur

Die Traktionsbatterie liefert auf der einen Seite die Energie für den Vortrieb des Fahrzeugs und auf der anderen Seite kann sie Bremsenergie speichern. Der Betriebszustand der Traktionsbatterie lässt sich anhand einer Reihe von Kenngrößen charakterisieren, deren spezifischen Verläufe wiederum von der Zellchemie abhängen. Bei den aktuellen batterieelektrischen PKW werden Batterien, die auf der Lithium-Ionen-Technologie basieren, eingesetzt, weshalb sich die folgenden Betrachtungen auf Lithium-Ionen-Batterien beziehen.

Unter Bezugnahme auf **Hypothese IV** sind die wesentlichen Kenngrößen, die das Rekuperations(leistungs)vermögen der Batterie beeinflussen und Rückwirkungen auf die Bremsentemperatur haben können, der Ladezustand SOC, die Lade- und Entladerate $C\text{-Rate}_{laden}$ und $C\text{-Rate}_{entladen}$, sowie die Batterietemperatur T_{Batt}.

Aus diesem Grund wird, zur Bewertung der Sensitivität der einzelnen Parameter auf die Bremsentemperaturen, die thermische Simulation des Bremswegtests von Fahrzeug A mit der gewählten Referenzkonfiguration in den folgenden Abschnitten vorgestellt.

Referenzkonfiguration:

- Fahrzeug A: Antriebs- und Rekuperationsachse vorne
- VA-Radbremse: 288x25mm, belüftet, m_{BS} = 6,3 kg
- HA-Radbremse: 258x8mm, massiv
- Φ = 0,19

Die thermische Entlastung der Radbremsen wird in Form des Reduktionspotentials der Bremsscheibenmasse quantifiziert. Der Fokus liegt auf den Bremsscheiben der Vorderachse, da diese testspezifisch in der Regel stärker belastet werden als die der Hinterachse. Es wird eine zulässige Maximaltemperatur von 700 °C definiert; darauf bezogen wird das Verhältnis von minimaler Bremsscheibenmasse zur Ist-Masse ($m_{BS,VA,min}/m_{BS,VA,Ist}$) abgeleitet.

In der Darstellung werden die Fälle unterschieden, in denen die Maximaltemperatur bereits nach der Hälfte des Tests (5. Bremsung) oder am Ende des Tests (10. Bremsung) erreicht wird. Bei dem Test werden zehn aufeinanderfolgende Vollbremsungen aus 100 km/h in den Stillstand mit zwischenzeitlich maximalen Beschleunigungen simuliert (vgl. Abb. 2.19). Die Lade- bzw. Rekuperationsleistung wird im Verhältnis zur Antriebsleistung angegeben ($P_{Rekup}/P_{Antrieb}$). In diesem Beispiel liegt die Antriebsleistung bei 100 kW.

a) Einfluss des SOC

Der Einfluss des SOC auf die Temperaturen der Vorderachsradbremsen ist in Abb. 6.3 dargestellt. In Abhängigkeit von der Zellchemie einer Lithium-Ionen-Batterie ergibt sich ein Ladezustand (hier 90 %), bei dem die maximale Ladeleistung möglich ist, vgl. Abb. 2.4. Oberhalb dieses SOC sinkt die Ladeleistung in der Regel stark ab. Bei einem SOC < 90 % fällt die Ladeleistungskurve mit einem geringen Gradienten ab. Anhand dieses Lithium-Ionen-typischen Konstant-Strom-Konstant-Spannungs-Ladeverfahrens ergeben sich die Reduktionspotentiale an der Radbremse.

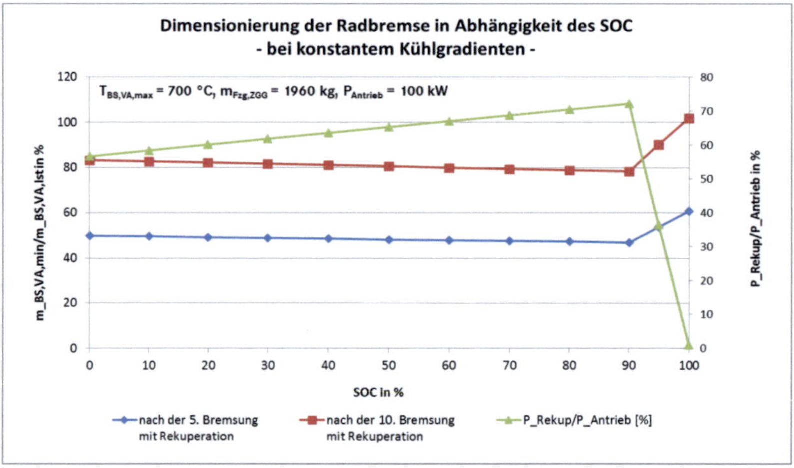

Abb. 6.3: Einfluss des SOC auf das Reduktionspotential der Radbremsen im Bremswegtest

Da sich der Ladezustand während des Bremswegtests entsprechend Abb. 6.4 reduziert und der Bereich SOC > 90 % verlassen wird, kann von einem Potential ausgegangen werden, die Masse der Radbremsen an der Vorderachse auf 50 % bzw. auf 80 % der Ausgangsmasse zu reduzieren, je nachdem, ob die Grenztemperatur von 700 °C nach fünf oder zehn Bremsungen erreicht werden soll.

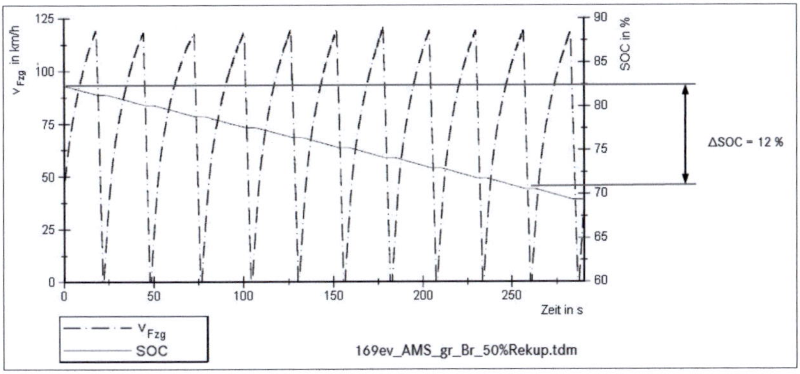

Abb. 6.4: Verlauf des SOC im Bremswegtest

Hinzuzufügen ist, dass das tatsächliche Nutzungsfenster der Traktionsbatterie nicht den SOC-Bereich von 0 % bis 100 % umfasst, sondern tatsächlich in der Regel lediglich der Bereich von 20 % SOC bis 95 % SOC genutzt wird, wie in Abb. 6.5 visualisiert ist. Lediglich dem Fahrer wird angezeigt, dass der SOC einer „vollgeladenen" Batterie bei 100 % liegt.

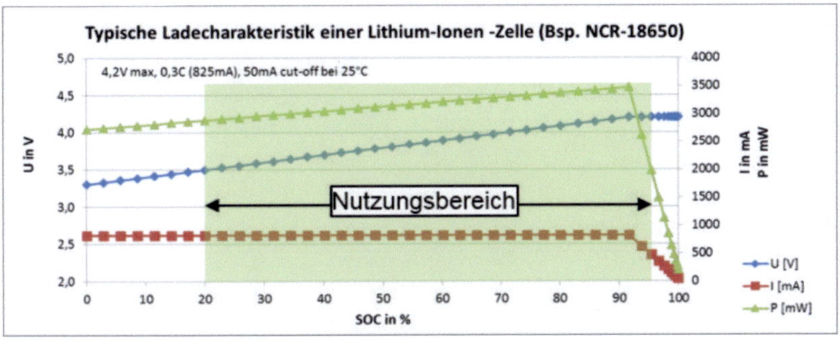

Abb. 6.5: Nutzungsbereich einer Lithium-Ionen-Zelle im ZEV

Folglich wird die Rekuperations- bzw. Ladeleistung bei hohen Ladezuständen nicht komplett eingeschränkt, sondern es verbleibt ein Puffer.

b) Einfluss der C-Rate$_{laden}$

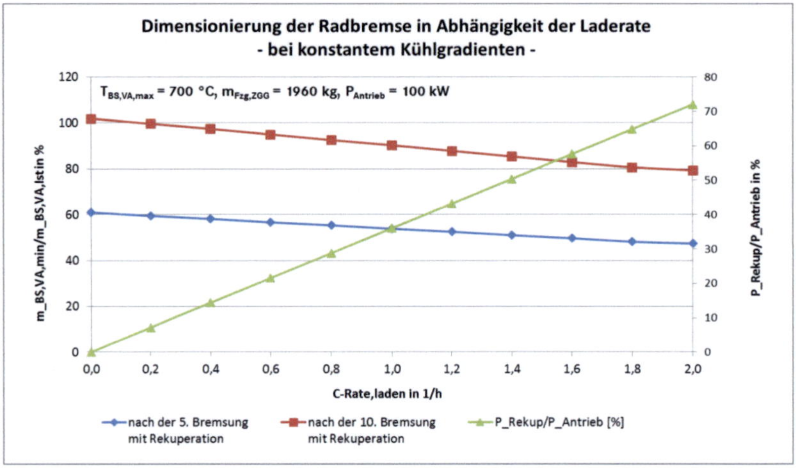

Abb. 6.6: Einfluss der C-Rate$_{laden}$ auf das Reduktionspotential der Radbremsen im Bremswegtest

Die obige Abb. 6.6 zeigt den Einfluss der C-Rate$_{laden}$ auf das Reduktionspotential der Radbremsen. Wie in Abb. 2.5 dargestellt, lässt sich die Rekuperationsleistung, ausgehend vom Energieinhalt der Traktionsbatterie, über die C-Rate$_{laden}$ skalieren. Demnach wurde die C-Rate$_{laden}$ bis auf den im Datenblatt des Herstellers angegebenen Maximalwert von 2,0 1/h gesteigert. Ohne Rekuperationsleistung, d.h. mit C-Rate$_{laden}$ = 0 1/h, muss die Bremsenergie vollständig von den Radbremsen aufgenommen werden, sodass sich hier kein Reduktionspotential der Radbremsen ergibt und die Maximaltemperaturen nach zehn Bremsungen 700 °C betragen. Wird die C-Rate$_{laden}$ auf 1,0 1/h erhöht (gestrichelte Linien), lassen sich bei Zugrundelegung von zehn Bremsungen die Radbremsenmassen der Vorderachse auf 90 % der Ursprungsmasse reduzieren. Das maximale Reduktionspotential wäre bei einer zulässigen C-Rate$_{laden}$ von 2,0 1/h erreicht und die Radbremsen könnten auf 80 % der Ist-Massen reduziert werden.

c) Einfluss von T_{Batt}

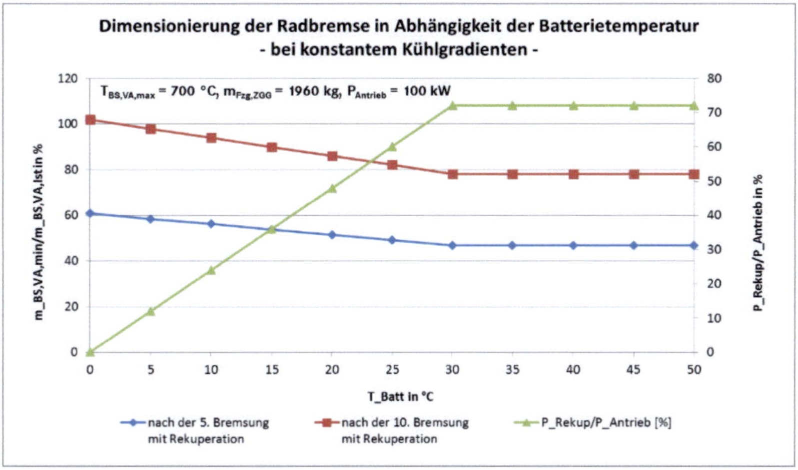

Abb. 6.7: Einfluss der Batterietemperatur auf das Reduktionspotential der Radbremsen im Bremswegtest

Den am stärksten schwankenden Einfluss auf das Reduktionspotential hat die Batterietemperatur, Abb. 6.7. Auch diese Charakteristik ist abhängig vom eingesetzten Zelltyp, wobei sich aber prinzipiell bei Lithium-Ionen-Batterien bei abnehmenden Batterietemperaturen die Ladeleistung reduziert. Bis zu einer zellspezifischen Temperatur steigt die zulässige Ladeleistung an, bis ein Plateau der maximalen Rekuperationsleistung erreicht wird. Im Bereich der maximalen Rekuperationsleistung sind die gleichen Reduktionspotentiale wie bei den anderen Kenngrößen möglich.

Die verminderte Leistungsfähigkeit bei tiefen Temperaturen betrifft im Übrigen auch den Entladevorgang, was sich in einer starken Reduktion der Antriebsleistung des elektrischen Antriebsstrangs auswirkt, Abb. 6.8.

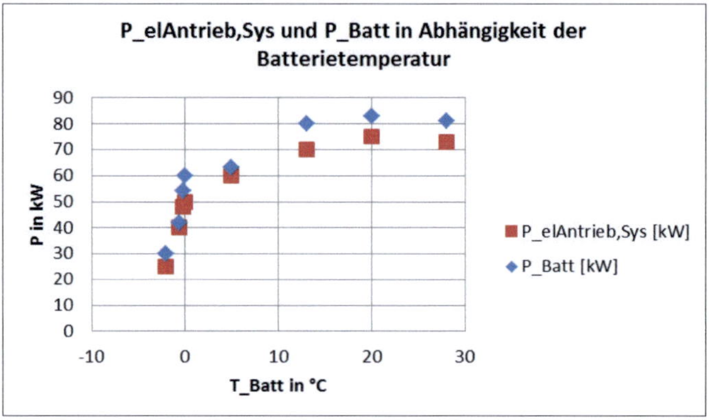

Abb. 6.8: Systemleistung des elektrischen Antriebsstrangs und Batterieleistung in Abhängigkeit der Batterietemperatur

Durch die Entladevorgänge erwärmt sich die Batterie jedoch stetig, sodass entsprechend die Leistungsfähigkeit bei Beschleunigungs- und Rekuperationsvorgängen wieder ansteigt. Bei hohen Temperaturen kann wiederum das sogenannte „Derating" einsetzen, bei dem auf Grund zu hoher Belastung des elektrischen Antriebsstrangs die Leistungsfähigkeit wieder abnimmt. Dies kann, je nach der thermischen Auslegung der Komponenten des elektrischen Antriebsstrangs, bei extremen Bremsversuchen, wie im Bremsweg- oder Bremsleistungstest, der Fall sein und auch von anderen Komponenten, wie beispielsweise der Leistungselektronik oder dem Elektromotor, ausgelöst werden. Details und die Auswirkungen werden im Abschnitt 6.3.1 diskutiert.

In Bezug auf die **Hypothese IV** kann abschließend festgehalten werden, dass der Einfluss des SOC auf den Temperaturhaushalt der Radbremsen als mittelstark zu gewichten ist. Der Batterietemperatur kommt ein hoher Einfluss sowohl bezüglich der Rekuperations- als auch der Antriebsleistung zu. Die C-Rate skaliert, ausgehend vom Energieinhalt der Traktionsbatterie die Rekuperations- und Antriebsleistung, deren Einfluss auf die Entlastung der Radbremsen als hoch eingestuft wird.

6.2 Alpine Passabfahrt

Die alpine Passabfahrt unterscheidet sich bezüglich des Beanspruchungskollektivs gänzlich von den Bremsweg- oder Bremsleistungstests mit der Zielsetzung, das typische Kunden-fahrverhalten bei einer Gefällefahrt abzubilden. Aus den Eigenschaften des elektrischen Antriebsstrangs ergeben sich bezüglich der Bewertung einer konstruktiven Neuorientierung bei den Radbremsen die nachfolgenden Fragestellungen:

- Ergibt sich durch die Rekuperation der Bremsenergie ein Reduktionspotenzial hinsichtlich der Massen der Radbrems-komponenten?
- Wie groß ist der Einfluss verschiedener Betriebsstrategien, zur Steuerung der Rekuperationsleistung, auf die Bremsen-temperaturen?
- Wie verhalten sich die Kenndaten des elektrischen Antriebs-strangs, insbesondere der Ladezustand SOC, bei der alpinen Passabfahrt?
- Wie wirkt sich eine mögliche Reduktion der Radbremsen auf die zulässigen Grenztemperaturen der umliegenden Fahrwerks-komponenten aus ?

Zur weiteren Vorgehensweise wird zunächst der Lastfall für verschiedene aktuelle Elektrofahrzeugkonfigurationen analytisch betrachtet. Im Anschluss werden die Ergebnisse von Versuchsreihen zur Validierung und experimentellen Datengenerierung vorgestellt.

6.2.1 Analytische Methoden

Die Abb. 6.9 veranschaulicht allgemein die potentielle Energie in Abhängigkeit der Höhendifferenz Δh und der Fahrzeugmasse mFzg für unterschiedliche PKW mit elektrischem Antriebsstrang. Die Großglockner-Passabfahrt zeichnet sich, auf Grund einer besonders großen Höhendifferenz, durch einen hohen Energieumsatz aus. Bei den dargestellten Fahrzeugen handelt es sich um Vertreter aus den Kategorien „BEV“ und „HEV“, um die Hypothese I beurteilen zu können. Die Fahrzeuge werden testspezifisch bezüglich ihres maximal zulässigen Gesamtgewichts (ZGG) verglichen. Auf Grund des Conversion-Design-Ansatzes in Verbindung mit den großen Traktionsbatterien weisen die meisten Fahrzeuge eine hohe Gesamtmasse auf, die sich proportional auf die potentielle Energie auswirkt, welche letzten Endes im Idealfall komplett vom elektrischen Antriebsstrang rekuperiert oder zumindest nur anteilig in den Radbremsen in Form von Wärme an die Umwelt abgegeben wird.

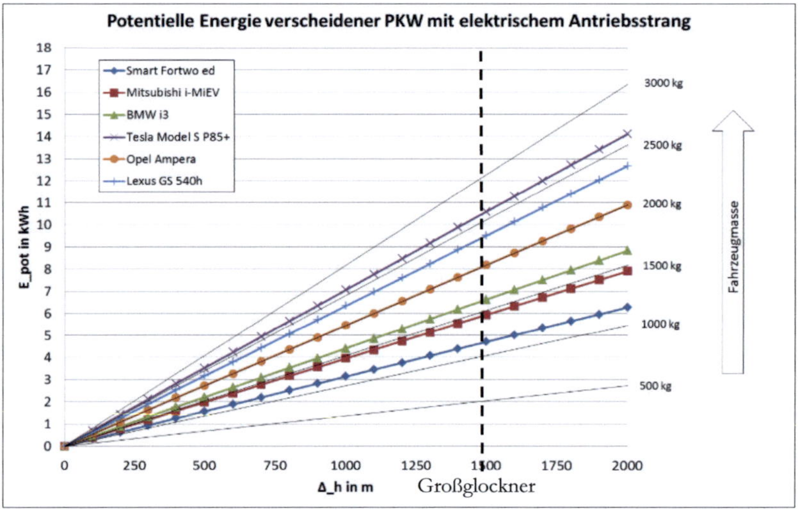

Abb. 6.9: Potentielle Energie verschiedener ZEV

Anhand von Abb. 6.10 werden die Energiespeicher hinsichtlich der speicherbaren Energiemenge bei der Großglockner-Passabfahrt betrachtet. Dabei sind batterieelektrische Fahrzeuge (BEV) einigen Hybridfahrzeugen (HEV) gegenübergestellt. Charakteristisch ist, dass bei den batterieelektrischen Fahrzeugen auf Grund der erzielbaren Reichweite die Traktionsbatterien entsprechend groß dimensioniert sind, sodass deren Speicherkapazität die Menge der aufzunehmenden potentiellen Energie um ein Vielfaches übersteigt. Anders sieht es bei den Hybridfahrzeugen aus, bei denen die elektrisch speicherbare

Energiemenge mitunter um ein Vielfaches geringer ist als die umzusetzende Energie oder gerade deren Menge entspricht, sodass bei einer Gefällefahrt die Energiedifferenz in den Radbremsen umgewandelt werden muss. Dies ist ein wichtiger Aspekt zur Beantwortung von **Hypothese I**.

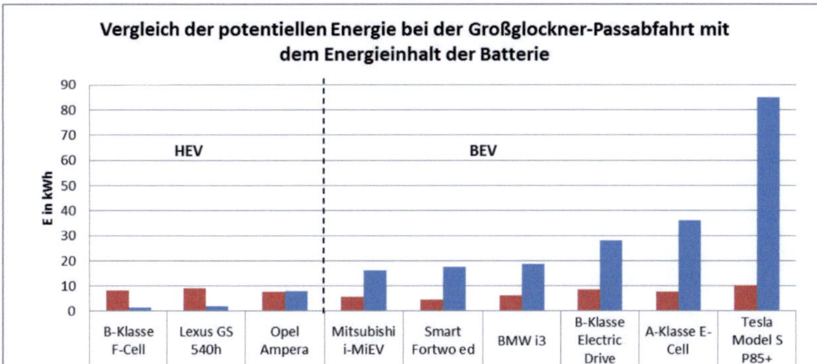

	B-Klasse F-Cell	Lexus GS 540h	Opel Ampera	Mitsubishi i-MiEV	Smart Fortwo ed	BMW i3	B-Klasse Electric Drive	A-Klasse E-Cell	Tesla Model S P85+
E_pot	8,1	9,0	7,8	5,6	4,5	6,3	8,4	7,6	10,1
E_Batt	1,4	2,0	8,0	16,0	17,6	18,8	28,0	36,0	85,0

Abb. 6.10: Vergleich der potentiellen Energie mit der speicherbaren Energiemenge bei der GG-Passabfahrt

Wird für jedes Fahrzeug stets der gleiche Fahrzyklus vorausgesetzt, ergeben sich für verschiedene ZEV die mittleren Bremsleistungen gemäß Abb. 6.11, je nach Streckenabschnitt (entnommen aus Abb. 12.2). Die maximalen, mittleren Bremsleistungen treten demnach im Abschnitt „Piffkar“ auf. Dies sind Leistungsbereiche, die, in Abhängigkeit des elektrischen Energieinhalts der Traktionsbatterie der ZEV, zulässige Rekuperationsleistungen beziehungsweise C-Raten$_{laden}$ nicht überschreiten.

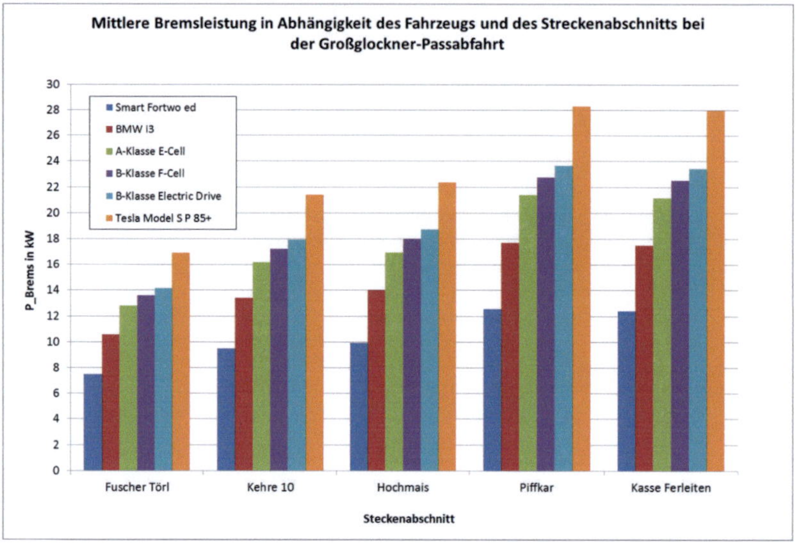

Abb. 6.11: Mittlere Bremsleistung je Streckenabschnitt am Großglockner

Wird der elektrische Antriebsstrang eines zentral an der Vorderachse angetriebenen Fahrzeugs aus Abb. 2.1 zu Grunde gelegt, ergibt sich der in Abb. 6.12 schematisch dargestellte Verlauf der Rekuperationsleistung. Beim Unterschreiten der Geschwindigkeit $v_{Ende,Rekup}$ wird die Leistung der E-Maschine komplett auf null reduziert, da ab diesem Drehzahlbereich die E-Maschine ineffizient arbeitet. Die Lage der konzeptbedingten, maximalen Rekuperationsleistung und der Geschwindigkeit, ab der die Rekuperationsleistung reduziert wird, hängt von der Ausführung des rekuperativen Bremssystems, der Getriebeübersetzung i und des dynamischen Reifendurchmessers r_{dyn} ab. In der Regel liegen die auftretenden Geschwindigkeiten bei der Großglockner-Passabfahrt unterhalb von v_{grenz}. Folglich kann bei der Analyse der thermischen Beanspruchung der Radbremsen nicht pauschal von einer Entlastung durch die maximale Rekuperationsleistung $P_{Rekup,max}$ ausgegangen werden.

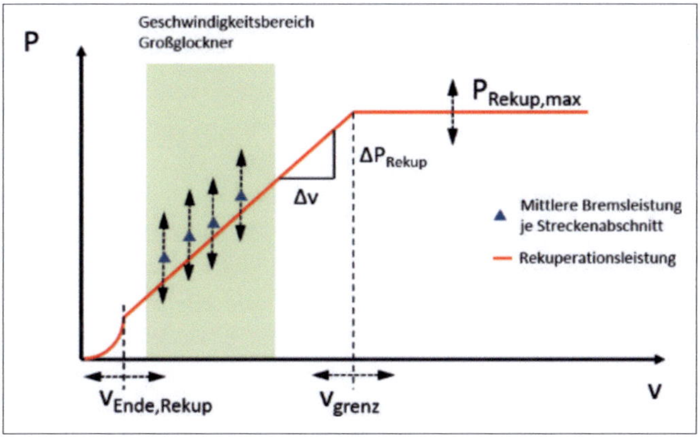

Abb. 6.12: Schematischer Verlauf der Rekuperationsleistung des elektrischen Antriebsstrangs und mittlere Bremsleistungen bei der Passabfahrt

Um eine Aussage zum Einfluss der Rekuperations-Betriebsstrategie treffen zu können (**Hypothese IV**), lassen sich im nächsten Schritt die spezifischen, mittleren Bremsleistungen der vorgestellten Streckenabschnitte, als Beispiel, in die Rekuperationsleistungskennlinen von Fahrzeug A mit der implementierten Betriebsstrategie 3 integrieren.

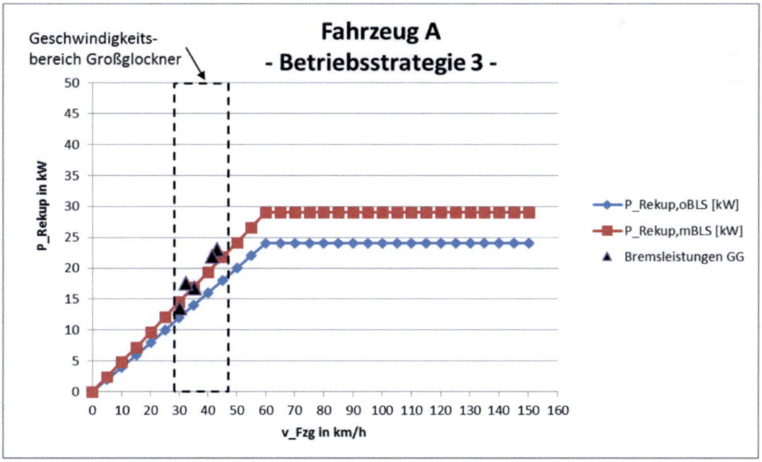

Abb. 6.13: Bremsleistungen am Großglockner in Rekuperationsleistungskennlinie, Betriebsstrategie 3

Abb. 6.13 zeigt die blaue Rekuperationskennlinie, bei der ein mittleres Motorschleppmoment bei der Entlastung des Gaspedals wirkt ($P_{Rekup,oBLS}$) und die rote Kennlinie mit erhöhter rekuperativer Bremsleistung ($P_{Rekup,mBLS}$) bei der Aktivierung des Bremspedals. Zur Erfüllung der Bremsleistungen bei der Passabfahrt muss demnach bei dieser Betriebsstrategie die Rekuperationsleistung über die Betätigung des Bremspedals gesteigert werden. Da es sich um ein gekoppeltes Bremssystem handelt, findet hier jedoch konzeptbedingt ein Mischbetrieb statt, das heißt in Abhängigkeit des Bremspedalwegs werden die Radbremsen aktiviert. Im Falle eines entkoppelten Bremssystems könnte die generatorische Bremse besser dosiert werden, mit der Folge, dass weniger Eingriffe der Reibbremse notwendig wären. Bei der vorliegenden Betriebsstrategie in Verbindung mit einem gekoppelten rekuperativen Bremssystem ist jedoch von gelegentlichen Energieeinträgen in die Radbremsen auszugehen. Im Gegensatz dazu liegt bei der Betriebsstrategie 4 die verfügbare Rekuperationsleistung ($P_{Rekup,oBLS}$) über den erforderlichen Bremsleistungen, Abb. 6.14.

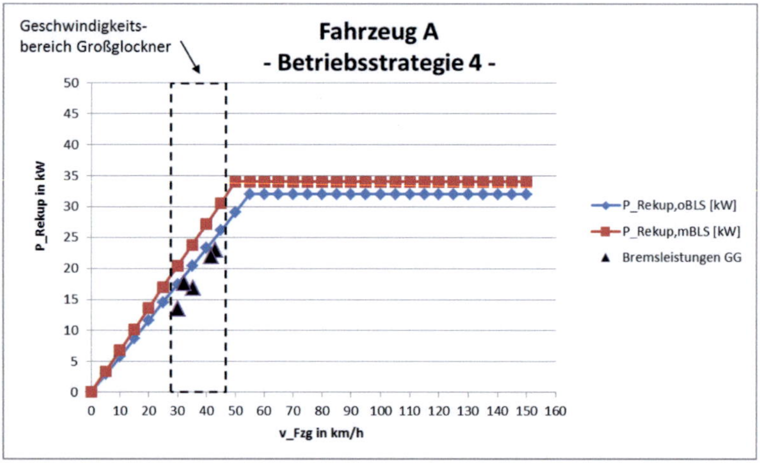

Abb. 6.14: Bremsleistungen am Großglockner in Rekuperationsleistungskennlinie, Betriebsstrategie 4

Hier ist es möglich, lediglich durch das über das Gaspedal regulierbare Schleppmoment $P_{Rekup,oBLS}$, die Bremsleistungen der Passabfahrt zu erfüllen. Jedoch ist damit zu rechnen, dass das Fahrzeug zu langsam wird und Beschleunigungsphasen notwendig sind, um den Abfahrtsplan einzuhalten, falls die Dosierung der Bremsleistung über das Gaspedal schwer umzusetzen ist.

Je nach gewählter Betriebsstrategie können die am Pass erforderlichen Bremsleistungen durch den elektrischen Antriebsstrang abgedeckt werden oder es müssen zusätzlich die Radbremsen betätigt werden. Es lassen sich zusammenfassend für die unterschiedlichen Betriebsstrategien die Energiebilanzen berechnen. Die nachfolgende Abb. 6.15 stellt hierzu die verschiedenen Betriebsstrategien vergleichend gegenüber.

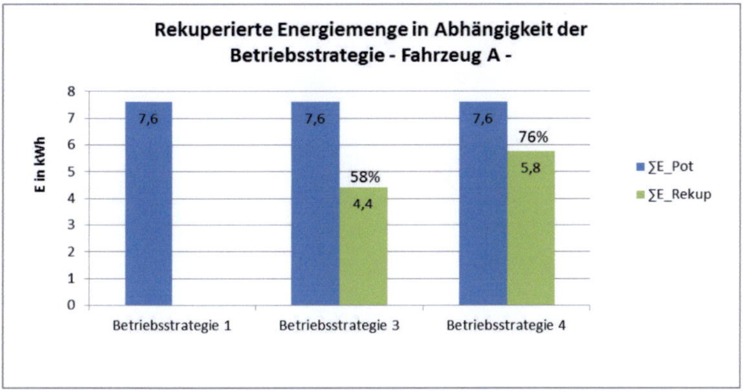

Abb. 6.15: Rekuperierte Energiemenge in Abhängigkeit der Betriebsstrategie, Fahrzeug A (ermittelt im Fahrversuch)

Bei deaktivierter Rekuperationsfunktion (Betriebsstrategie 1) wird entsprechend keine Energie in die Batterie zurückgespeist, wohin gegen sich bei geeigneter Rekuperationsstufe (Betriebsstrategie 4) bis zu 76 % der potentiellen Energie speichern lässt. Weshalb der rekuperierbare Anteil, abgesehen von den Energiewandlungsverlusten, nicht höher liegt, wird bei der Analyse experimenteller Messdaten aus dem Fahrversuch im Abschnitt 6.2.2 deutlich.

Als Zwischenfazit für die Bremsenauslegung und mit Blick auf die **Hypothesen I** und **IV** ist festzuhalten, dass bei der Berücksichtigung der Rekuperationsleistung des elektrischen Antriebsstrangs bei einer Gefällefahrt zwischen BEV und HEV unterschieden werden muss. In der Regel ist bei HEV konzeptbedingt der Energiespeicher nicht ausreichend dimensioniert, um die gesamte potentielle Energie einer alpinen Passabfahrt aufzunehmen. Hier wird der Einsatz einer zusätzlichen Aufnahmemöglichkeit zur Umsetzung der potentiellen Energie notwendig sein, welche derzeit die Radbremsen darstellen. Bei BEV besitzt der Energiespeicher genug Kapazität, um die potentielle Energie aufzunehmen. Einschränkungen kann es durch den Geschwindigkeitsbereich bei der Passabfahrt geben, der die maximal nutzbare Rekuperationsleistung reduzieren kann und vereinzelt den Einsatz der Reibbremsen erfordert; entscheidend ist hier der $\Delta P/\Delta v$-Gradient der Rekuperationskennlinie (Abb. 6.12). Die Art der gewählten Betriebsstrategie hat einen signifikanten Einfluss auf den Anteil der rekuperierbaren Energiemenge von der gesamten potentiellen Energie.

6.2.2 Experimentelle Methoden

Zur Validierung der Erkenntnisse aus den analytischen Betrachtungen und zur Ermittlung der Auswirkungen auf die thermischen Belastungen der Radbremsen und Fahrwerkskomponenten, wurde die Großglockner-Passabfahrt mit einem ZEV (Fahrzeug A) absolviert. Dabei wurden sowohl die Betriebsstrategien hinsichtlich der Rekuperationscharakteristik, als auch die Radbremskonfigurationen an der Vorderachse variiert.

Die nachfolgende Abb. 6.16 zeigt die Auswertung der Batterieleistung während drei Abfahrten mit der Betriebsstrategie 3.

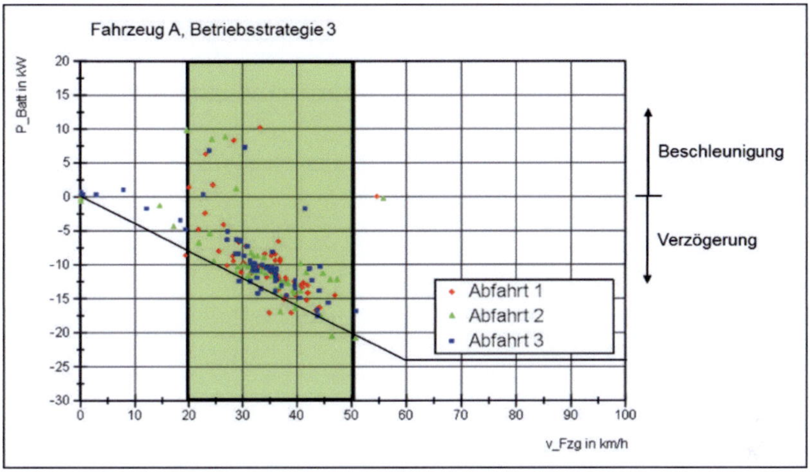

Abb. 6.16: Gemessene Batterieleistung von Fahrzeug A bei der Passabfahrt, Betriebsstrategie 3

Die Lade- und Entladeleistungen der Traktionsbatterie während der Großglockner-Passabfahrt weisen sowohl auf Beschleunigungs- als auch Verzögerungsereignisse hin. Bei dieser Betriebsstrategie zeigt sich die bereits diskutierte Charakteristik der reduzierten Lade- und Entladeleistung des elektrischen Antriebsstrangs unterhalb einer bestimmten Fahrgeschwindigkeit. Es fallen aber auch Entladeleistungen (Beschleunigungsvorgänge) auf, die dadurch zu erklären sind, dass durch Störgrößen, wie beispielsweise andere Verkehrsteilnehmer, der Test beeinflusst wird. Es sind einzelne Beschleunigungsvorgänge notwendig, um wieder in den vorgeschriebenen Abfahrtsplan zu kommen. Des Weiteren lässt sich das rekuperative Bremsmoment je nach Betriebsstrategie und Bremssystem schwer über das Gas- bzw. Bremspedal dosieren, sodass die Verzögerungen zu hoch werden und nur durch Beschleunigungsmanöver der Zeitplan eingehalten werden kann. Tendenziell ist die Bremswirkung, auf Basis der durchgeführten Versuche, mit höherem Bremsmoment durch das Gas- bzw. Bremspedal anspruchsvoller hinsichtlich einer genauen Dosierung. Dies hat folglich auch Einfluss auf die Energieverteilung zwischen den Radbremsen und dem elektrischen Antriebsstrang.

Die Batterieleistungen bei der Umsetzung von Betriebsstrategie 4 sind in Abb. 6.17 ebenfalls für drei Abfahrten dargestellt. Je höher die Verzögerung durch den elektrischen Antriebsstrang ist, desto häufiger treten auch Beschleunigungsereignisse auf, wie beim Vergleich von Abb. 6.16 mit Abb. 6.17 ersichtlich wird.

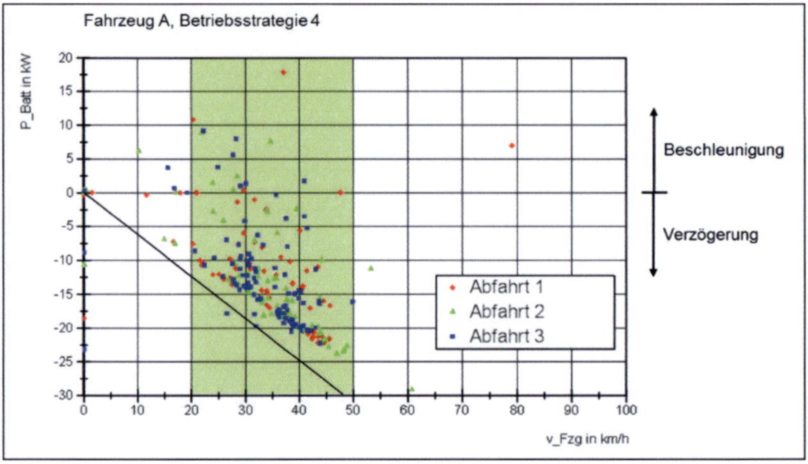

Abb. 6.17: Gemessene Batterieleistung von Fahrzeug A bei der Passabfahrt, Betriebsstrategie 4

In Abb. 6.18 ist der Verlauf des SOC während der Großglockner-Passabfahrt, basierend auf Messungen, dargestellt. In Abhängigkeit der gewählten Betriebsstrategie steigt der SOC oder er fällt, sobald die Rekuperation deaktiviert ist. Es muss folglich durch eine intelligente Lösung gewährleistet sein, dass die Batterie zu Beginn der Passabfahrt nicht vollgeladen wird oder zumindest ausreichend freie Ladekapazität verfügbar bleibt. Dies kann beispielsweise durch eine aktuelle Standort- und Höhenerkennung des Fahrzeugs geschehen.

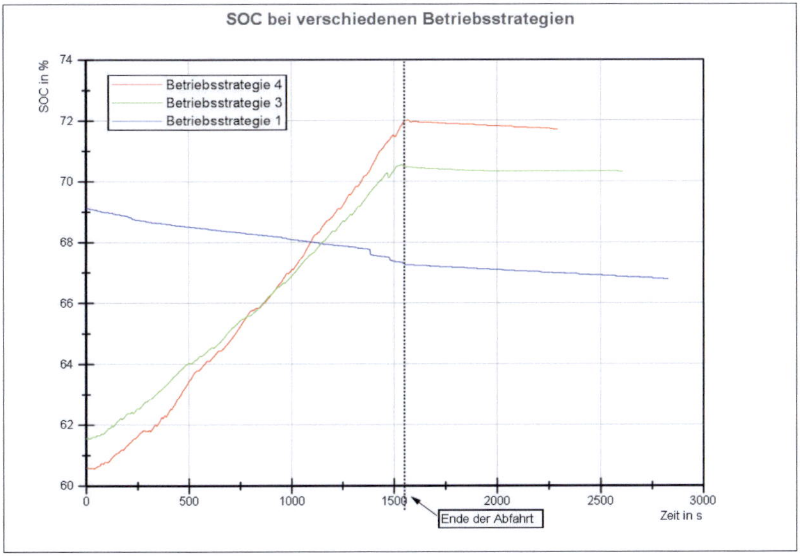

Abb. 6.18: Verlauf des SOC bei der Großglockner-Passabfahrt in Abhängigkeit der Betriebsstrategie, Fahrzeug A

Entsprechend den Auswirkungen der drei Betriebsstrategien auf den Ladezustand der Traktionsbatterie lassen sich die Rückwirkungen auf die Temperaturverläufe der Radbremsen darstellen, Abb. 6.19. Am Ende der Passabfahrt schließt sich eine Vollbremsung zur Überprüfung der Regelfähigkeit des ABS an, deren hervorgerufener Temperaturhub bei der Betrachtung der Maximaltemperatur der Passabfahrt unberücksichtigt bleibt. Bei ungefähr gleichen Ausgangstemperaturen der Bremsscheiben (288x25mm, belüftet, ECE) werden am Ende mit der höchsten Rekuperationsstufe ca. 60 °C und bei Deaktivierung der Rekuperationsfunktion 630 °C erreicht. An das markierte Ende der Abfahrten schließen sich, wie bereits erwähnt, die Standaufheizungen an, während dessen die Bremsscheiben abkühlen und sich die umliegenden Fahrwerkskomponenten auf Grund von Konduktion und Wärmestrahlung weiter erwärmen.

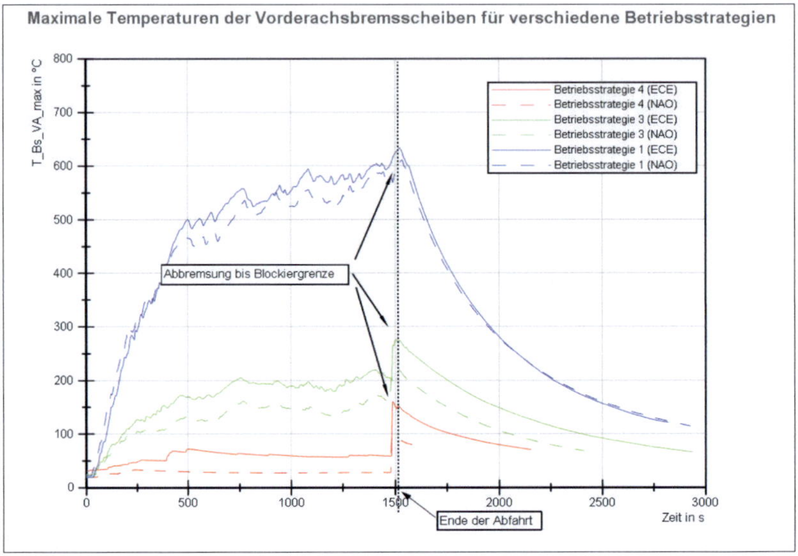

Abb. 6.19: Temperaturverläufe der Vorderachsbremsscheiben (288x25mm, belüftet, ECE und NAO) bei der Großglockner-Passabfahrt, Fahrzeug A

Beim Einsatz der reduzierten Radbremsen (Radbremse 5) an den Vorderachsen ergeben sich ohne Rekuperation (Betriebsstrategie 1) Temperaturen von maximal 710 °C, welche für diesen Test noch im Rahmen der Spezifikationen liegen, Abb. 6.20. Bei der reduzierten Bremse wurde an der Vorderachse die Bremsscheibenmasse um 12 % und das Gesamtsystem bestehend aus Bremssätteln, Bremsbelägen (mit halber Belagstärke) und Bremsscheiben um 15 % reduziert.

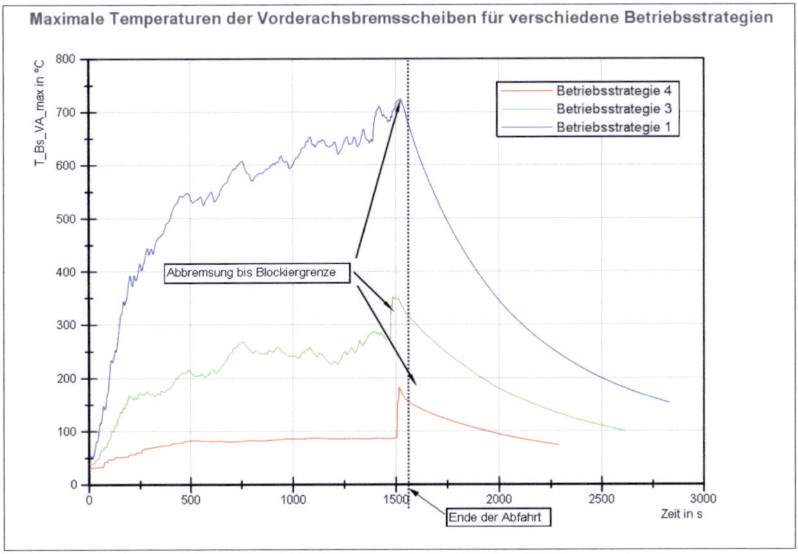

Abb. 6.20: Temperaturverläufe der Vorderachsbremsscheiben (276x22, reduziert, ECE) bei der Großglockner-Passabfahrt bei reduzierten Radbremsen, Fahrzeug A

Wie eingangs erwähnt, ist bei der Passabfahrt nicht nur die Bremsscheibentemperatur funktionsrelevant, sondern auch die Temperaturentwicklung der Bremsflüssigkeit. Diese wird während der Abfahrt durch die ständige Aktivierung der Radbremse kontinuierlich aufgeheizt. Der letzte Teil des Testprogramms umfasst die Standaufheizung, bei der das Fahrzeug solange abgestellt bleibt, bis das Maximum der Bremsflüssigkeitstemperatur erreicht ist, beziehungsweise absehbar ist, dass keine kritischen Temperaturen mehr erreicht werden. Die Radbremse muss so dimensioniert sein, dass das Temperaturmaximum unterhalb der Siedetemperatur der Bremsflüssigkeit liegt, um bei der anschließenden Weiterfahrt ein Versagen der Bremskreise auszuschließen.

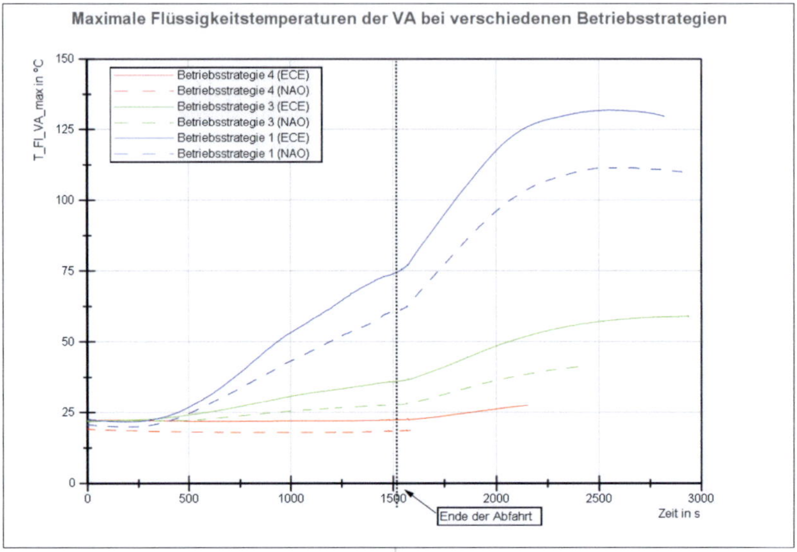

Abb. 6.21: Temperaturverläufe der Bremsflüssigkeiten (288x25, belüftet, ECE und NAO) bei der Großglockner-Passabfahrt, Fahrzeug A

Die Entwicklung der Bremsflüssigkeitstemperaturen in der Radbremse 288x25mm, belüftet, sind in Abb. 6.21 für drei Abfahrten mit jeweils unterschiedlichen Betriebsstrategien sowohl für die ECE- als auch die NAO-Beläge dargestellt. Es wird ersichtlich, dass bei der höchsten in diesem Fahrzeug realisierbaren Rekuperationsleistung auf Grund der geringen Anzahl der Bremsereignisse mit Betätigung der Radbremse, die Flüssigkeitstemperaturen während der Abfahrt praktisch nicht ansteigen und der Zuwachs der Temperatur bei der Standaufheizung vernachlässigbar ist. Aus Abb. 6.22 wird ersichtlich, dass die Betriebsstrategien einen größeren Einfluss auf die Maximaltemperaturen der Bremsflüssigkeit haben, als die Größe der Bremse bei der gleichen Betriebsstrategie. Auch bei Betriebsstrategie 1 (ohne Rekuperation) werden keine kritischen Temperaturen erreicht.

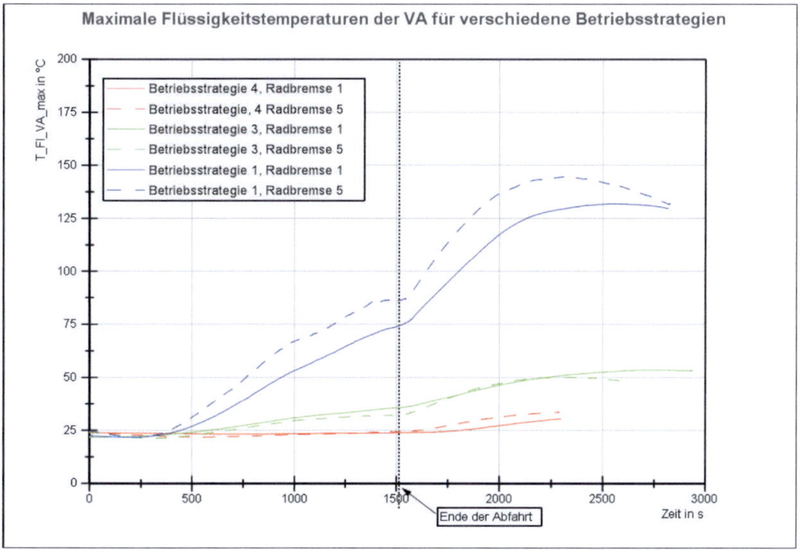

Abb. 6.22: Temperaturverläufe der Bremsflüssigkeiten (288x25mm, belüftet und 276x22 mm, reduziert) bei der Großglockner-Passabfahrt, Fahrzeug A

Die maximalen Bremsscheibentemperaturen sind zusammenfassend in Abb. 6.23 dargestellt. Die höchsten Temperaturen treten bei der reduzierten Radbremse ohne Rekuperation auf. Die maximale Bremsscheibentemperatur von 710 °C stellt sich bei der reduzierten Radbremse ein, wobei sich durch die Rekuperation die Bremsentemperaturen signifikant senken lassen.

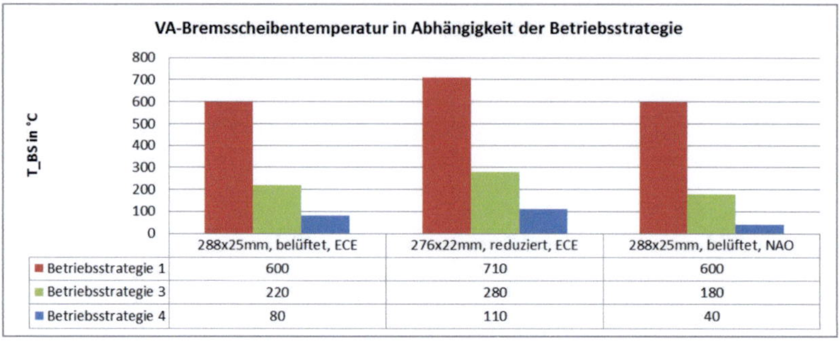

Abb. 6.23: Maximale VA-Bremsscheibentemperaturen in Abhängigkeit der Betriebsstrategie und der Radbremse

Als grundlegende Erkenntnis für die Bremsenauslegung und in Bezug auf die **Hypothesen IV** und **VII** ist festzuhalten, dass die Betriebsstrategie einen nicht zu vernachlässigenden Einfluss auf die Rekuperationsleistung bei der Großglockner-Passabfahrt und anderen Gefällefahrten im unteren Geschwindigkeitsbereich hat. Ferner bestätigt der Fahrversuch die theoretischen, rekuperierbaren Energiemengen. Eine konstruktive Neuorientierung bezüglich der Reduktion von Radbremsen bei BEV ist möglich, ohne dass maximale Grenztemperaturen der Betriebsbremsen oder der angrenzenden Fahrwerkskomponenten überschritten werden. Dies gilt auch im Falle einer deaktivierten Rekuperation. Es ergeben sich unterschiedliche Aufheizcharakteristiken für die Radbremsen 288x25mm, belüftet, mit ECE- und NAO-Belag und der reduzierten Radbremse 276x22mm. Vor der Passabfahrt sollte durch eine intelligente Regelung des SOC über Standorterkennung ausreichend Speicherkapazität der Batterien vorgehalten werden (12 – 35 % von E_{Batt}).

6.3 Leistungstests

Nach der alpinen Passabfahrt sollen die in dieser Arbeit als Leistungstests bezeichneten Prüfmethoden und –vorschriften betrachtet werden, um sich der Bewertung der **Hypothesen VI** und **VII** anzunähern. Die Bremsweg- und Bremsleistungstests stellen extreme Belastungen für die Radbremsen aber auch für den Antriebsstrang dar (Abschnitt 2.4).

Im Vordergrund dieses Abschnitts steht die Analyse der thermischen Belastung der Radbremsen während der Leistungstests unter Berücksichtigung der Antriebs- und Rekuperationseigenschaften des elektrischen Antriebsstrangs. Dazu wurden die gleichen analytischen und experimentellen Methoden wie in Abschnitt 6.2 angewandt und dabei die Betriebsstrategie, die Radbremsen und die Fahrzeuge variiert. Als Kenngrößen für die Belastungen wurden die umzusetzenden Bremsleistungen und -energien in den Radbremsen und der Traktionsbatterie betrachtet.

6.3.1 Analytische Methoden

Nachfolgend sind die Fahrzeug- und Testkenngrößen aufgeführt, die generell den Temperaturhaushalt von Radbremsen bei den Leistungstests beeinflussen:

- Antriebsleistung (bestimmt die Beschleunigungs- bzw. die Kühlzeiten der Radbremsen zwischen den Bremsungen)
- Rekuperationsleistung (bestimmt die Energiemenge, die vom elektrischen Antriebsstrang gespeichert werden kann)
- Kombination aus Antriebs- und Rekuperationsleistung
- Höchstgeschwindigkeit (bestimmt je nach Test die Ausgangsgeschwindigkeit bei der Bremsung und somit den Energieeintrag)
- Bremskraftverteilung
- Bremsscheibenmassen der Radbremsen (bestimmen den Temperaturanstieg auf Grund des Energieeintrags)
- Fahrzeugmasse (bestimmt den Energieeintrag)
- Abkühlcharakteristik der Bremsscheiben (bestimmt die Energieabgabe der Bremsscheiben)

- Anzahl der Bremsungen (bestimmt die Summe des Energieeintrags in die Radbremsen)
- Zeitlicher Abstand zwischen den Bremsungen (bestimmt die Abkühlzeit zwischen den Bremsungen)

Unter den nachfolgenden Überschriften werden diese Einflussparameter hinsichtlich deren Gewichtung bei der Auslegung von Radbremsen für PKW mit elektrischem Antriebsstrang untersucht.

Bremswegtest

a) Auswirkungen der Antriebsleistung

Für den Temperaturanstieg der Radbremsen im Bremswegtest ist das Beschleunigungsvermögen, resultierend aus der Antriebsleistung, neben der Bremsscheibenmasse mit entscheidend. In Abb. 6.24 sind die Herstellerangaben zu den Beschleunigungszeiten von 0 auf 100 km/h einiger batterieelektrischer PKW zusammengefasst. Die Werte basieren auf den Maximalleistungen, wobei je nach Dimensionierung der Komponenten des elektrischen Antriebsstrangs nach einer bestimmten Anzahl von Beschleunigungen nur noch die niedrigere Dauerantriebsleistung verfügbar sein kann, was mit „Derating" bezeichnet wird [46]. Dementsprechend stellt die Orientierung an den Herstellerangaben, bei der thermischen Auslegung der Radbremsen, den Worst Case bezüglich deren Aufheizcharakteristik dar.

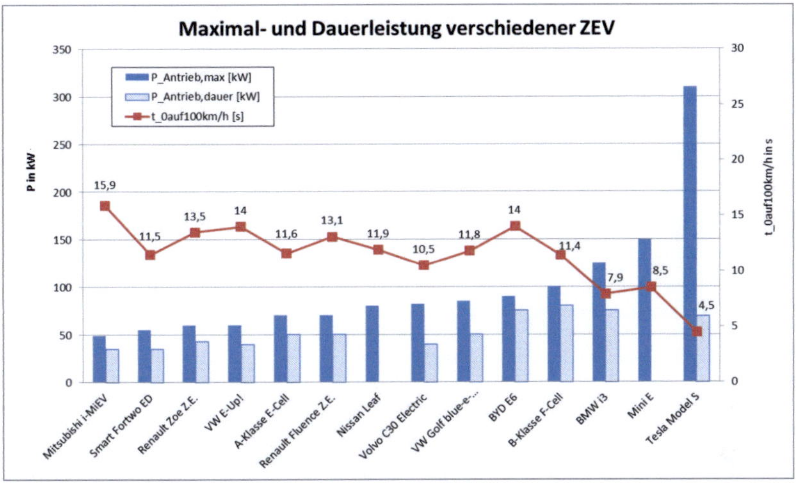

Abb. 6.24: Maximal- und Dauerantriebsleistungen und Beschleunigungszeiten verschiedener ZEV (Herstellerangaben)

Die Grafik zeigt außerdem die Maximal- und Dauerleistung der ZEV. Auffällig ist, dass die Dauerleistungen auf einem ähnlichen Niveau liegen, während sich die Maximalleistungen signifikant unterscheiden. Mitunter besteht eine große Differenz zwischen der Maximal- und Dauerleistung. Dies hat einen Einfluss auf die Beschleunigungszeiten in den Leistungstests, je nachdem, wann und wie stark die Reduktion der Antriebsleistung eintritt.

Beim Tesla Model S P85D sind beispielsweise zwei Fahrmodi wählbar, „Sport“ und „Insane“, die jeweils die Antriebsleistung beeinflussen. In Abb. 6.25 sind die resultierenden Beschleunigungszeiten bei zehn Wiederholungen dargestellt. Demnach steht die Beschleunigung auf 100 km/h in unter vier Sekunden nur einmal zur Verfügung, während die Antriebsleistung zur Schonung des Antriebsstrangs bis zur zehnten Beschleunigung kontinuierlich reduziert wird und sich die Beschleunigungszeiten um 39 % (Sport) bzw. 75 % (Insane) verlängern.

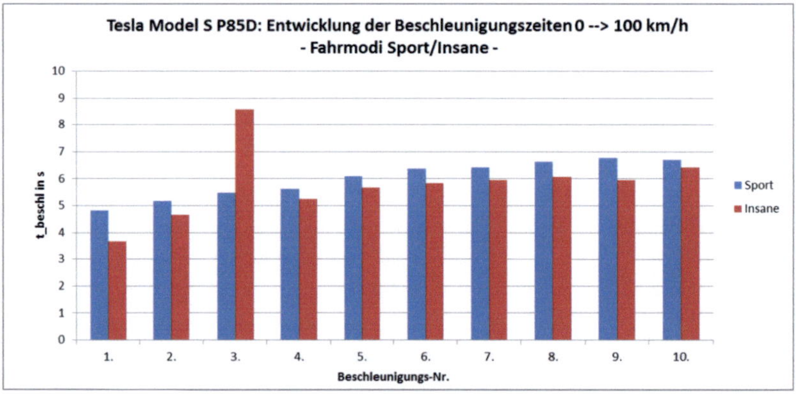

Abb. 6.25: Entwicklung der Beschleunigungszeiten Tesla Model S P85D

Abb. 6.26 zeigt, wie sich eine hohe Maximalleistung bei einer geringen Anzahl von Wiederholungen mit anschließender niedriger Dauerleistung oder eine relativ konstante, auf höherem Niveau befindliche Dauerleistung, unter Beibehaltung der Rekuperationsleistung, auf den Temperaturanstieg der Radbremsen auswirkt.

Erwartungsgemäß wirkt sich die Reduktion der Antriebsleistung, hier bis zur Verdoppelung der Beschleunigungszeit, im Vergleich zur minimalen Beschleunigungszeit, am stärksten temperatursenkend aus, falls dies bei allen zehn Bremsungen der Fall ist. Die Maximaltemperatur liegt um ca. 60 K niedriger. Im Gegensatz dazu können die gleichen Maximaltemperaturen erreicht werden, indem bei jedem Beschleunigungsvorgang die Beschleunigungszeit um 10 % verlängert wird oder die ersten fünf Bremsungen mit der minimalen und die letzten fünf Bremsungen mit der doppelten Beschleunigungszeit absolviert werden. Hier liegen die maximalen Bremsentemperaturen ca. 45 K unter den Temperaturen bei dauerhafter maximaler Antriebsleistung. Das heißt, dass sich bei der Auslegung der Betriebsstrategie bei der Antriebsleistung beide Varianten, das schrittweise Derating und die abrupte Reduktion der Antriebsleistung, im Bremswegtest hinsichtlich der Bremsentemperaturen gleich auswirken. Die Erkenntnisse können an der **Hypothese II** gespiegelt werden.

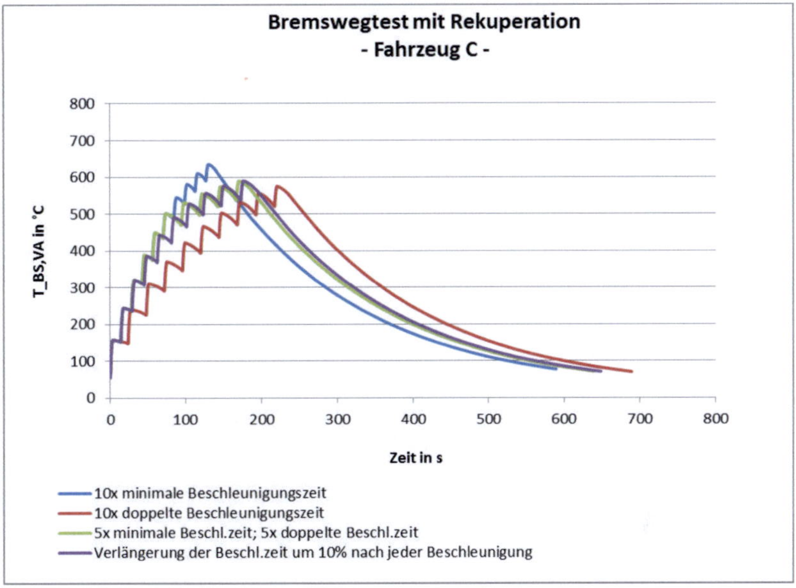

Abb. 6.26: Einfluss der Betriebsstrategie auf die Temperaturen der Radbremsen im Bremswegtest

b) Auswirkungen der Rekuperationsleistung

Bei der Analyse der im Bremswegtest auftretenden mittleren Bremsleistungen in Abb. 6.27 fallen die hohen Leistungsanforderungen auf. Bei der Berechnung wurden 1,1g-Verzögerungen aus 100 km/h mit vollbeladenem Fahrzeug zu Grunde gelegt. Den erforderlichen, mittleren Bremsleistungen sind die berechneten maximalen Rekuperationsleistungen gegenübergestellt. Die Werte basieren auf dem jeweiligen Energieinhalt der Traktionsbatterie multipliziert mit den Laderaten C-$Rate_{laden}$ = 0,3, 1,0 und 2, 0 1/h. Die freigegebenen Laderaten von BEV liegen aktuell bei 0,2 bis 2,0 1/h. Es wird ersichtlich, dass die Bremsleistung des elektrischen Antriebsstrangs nicht ausreicht, die erforderlichen Verzögerungen umzusetzen. Folglich müssen bei diesem Fahrzyklus die Reibbremsen zum Einsatz kommen.

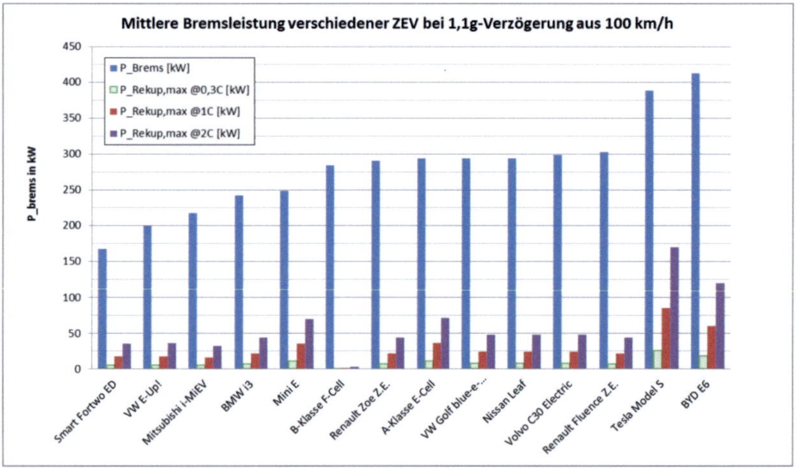

Abb. 6.27: Mittlere Bremsleistungen beim Bremswegtest für verschiedene ZEV

Die Verhältnisse der geforderten Bremsleistung, sowie die Aufteilung auf die Reibbremsen und den elektrischen Antriebsstrang, während einer 1,1g-Vollverzögerung aus 100 km/h ist exemplarisch für Fahrzeug A mit Betriebsstrategie 3, Abb. 6.28 zu entnehmen. Bei Bremsbeginn ist der Anteil des elektrischen Antriebsstrangs an der Bremsleistung sehr gering, wohin gegen er gegen Ende des Bremsvorgangs zunimmt. Allerdings finden dann bei den geringeren Geschwindigkeiten untergeordnet kleine Energieumsätze statt.

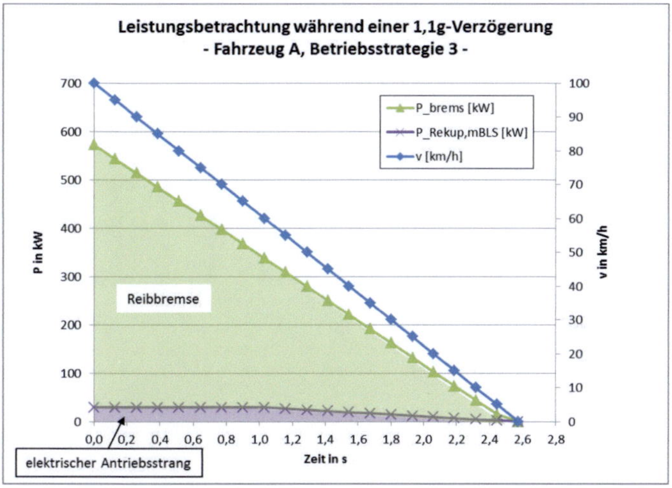

Abb. 6.28: Theoretische Aufteilung der Bremsleistung während einer 1,1g-Vollverzögerung, Fahrzeug A

In Abb. 6.29 werden die Energieumsätze beim Bremswegtest betrachtet und dem Speichervermögen der Traktionsbatterie gegenübergestellt. Während einer Vollverzögerung eines ZEV aus 100 km/h beträgt die umzusetzende kinetische Energie maximal 1 % des Energieinhalts der Batterien, sodass die Speicherkapazität nicht den limitierenden Faktor darstellt. Bei der B-Klasse F-Cell als Vertreter der Hybridfahrzeuge ist der Wert von 14,5 % aus darstellerischen Gründen nicht mit aufgeführt, aber auch bei Fahrzeugen mit diesem Antriebskonzept ist das Energiespeichervermögen für diesen Test gegeben.

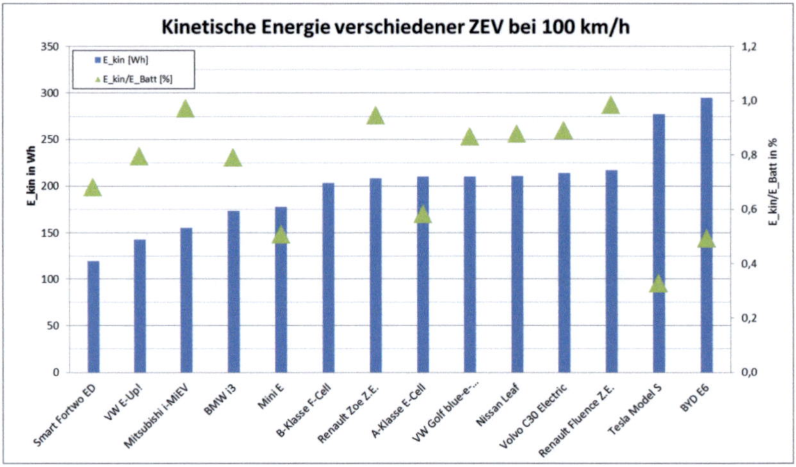

Abb. 6.29: Kinetische Energie verschiedener ZEV beim Bremswegtest

Die Verteilung der Bremsenergie auf Radbremsen und elektrischen Antriebsstrang lässt sich gemäß Abb. 6.30 darstellen. Es zeigt sich, dass von der gesamten Bremsenergie von 210 Wh mit 13 Wh lediglich 6,2 % vom elektrischen Antriebsstrang umgesetzt werden können. Der Rest des Energieumsatzes findet in den Radbremsen statt.

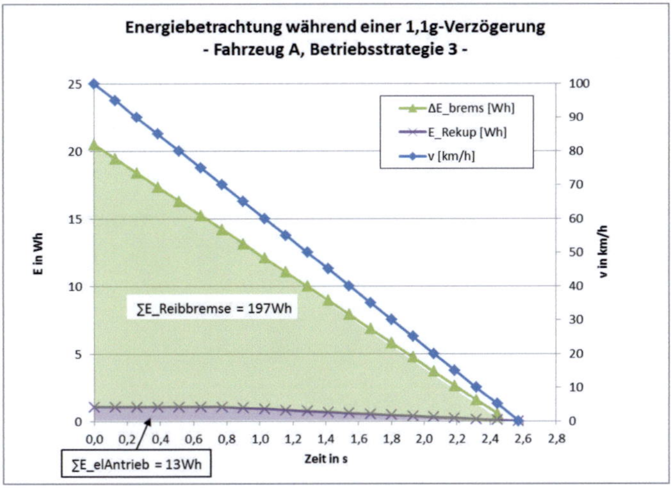

Abb. 6.30: Theoretische Aufteilung der Bremsenergie während einer 1,1g-Vollverzögerung, Fahrzeug A

In Abb. 6.31 werden zusammenfassend, entsprechend der oben detailliert beschriebenen Energieaufteilung, die Fahrzeuge A, B, C und das Model S von Tesla miteinander verglichen. Grundsätzlich unterscheiden sich die umzusetzenden Bremsenergien wegen der unterschiedlichen Fahrzeuggewichte voneinander.

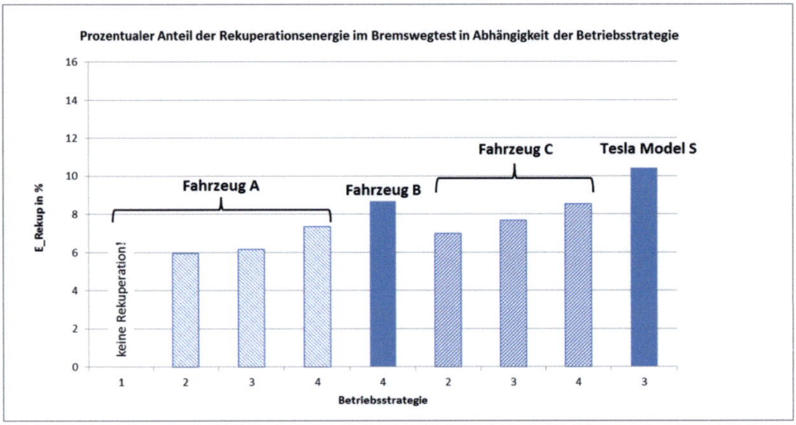

Abb. 6.31: Prozentualer Anteil der Rekuperationsenergie im Bremswegtest in Abhängigkeit der Betriebsstrategie und des Fahrzeugs

Bei Zugrundelegung von Betriebsstrategie 3 treten fahrzeugspezifisch maximale Rekuperationsleistungen und Grenzgeschwindigkeiten auf, ab denen die Rekuperationsleistung reduziert wird. Bei der Anwendung von Betriebsstrategie 4 lassen sich die rekuperierbaren Energiemengen steigern. Der vom elektrischen Antriebsstrang theoretisch aufnehmbare Anteil ist gering und lässt sich durch die Wahl der Betriebsstrategie geringfügig beeinflussen. Den Maximalwert markiert der Tesla Model S mit etwas mehr als 10 %.

c) Auswirkungen der Kombination von Antriebs- und Rekuperationsleistung

Im nachfolgenden Schritt sollen nun die Auswirkungen der Antriebs- und Rekuperationsleistung auf die Temperaturen der Radbremsen miteinander kombiniert werden. Dazu wurden für eine Bremsendimension (Radbremse 1) in einer simulativen Parameterstudie (mit dem in [42] entwickelten Tool) die Rückwirkungen der Variation von Antriebs- und Rekuperationsleistung exemplarisch auf die Temperaturen der Radbremsen an der Vorderachse ermittelt, da diese bei diesem Test am stärksten belastet werden.

Jeder Punkt im Kennfeld in Abb. 6.32 steht für die Endtemperatur, die sich im Bremswegtest bei einer gewählten Kombination aus Antriebs- und Rekuperationsleistung ergibt. Das obere Kennfeld veranschaulicht die Temperaturen nach den ersten fünf Bremsungen (5), d. h. nach der Hälfte des Fahrzyklus und das untere Kennfeld die Temperaturen nach der letzten Bremsung (10). Es werden sowohl die Einflüsse der Antriebs- und Rekuperationsleistung auf die Radbremsentemperaturen ersichtlich, aber auch das Temperaturdelta von ca. 150 K zwischen der Hälfte und dem Ende des Tests.

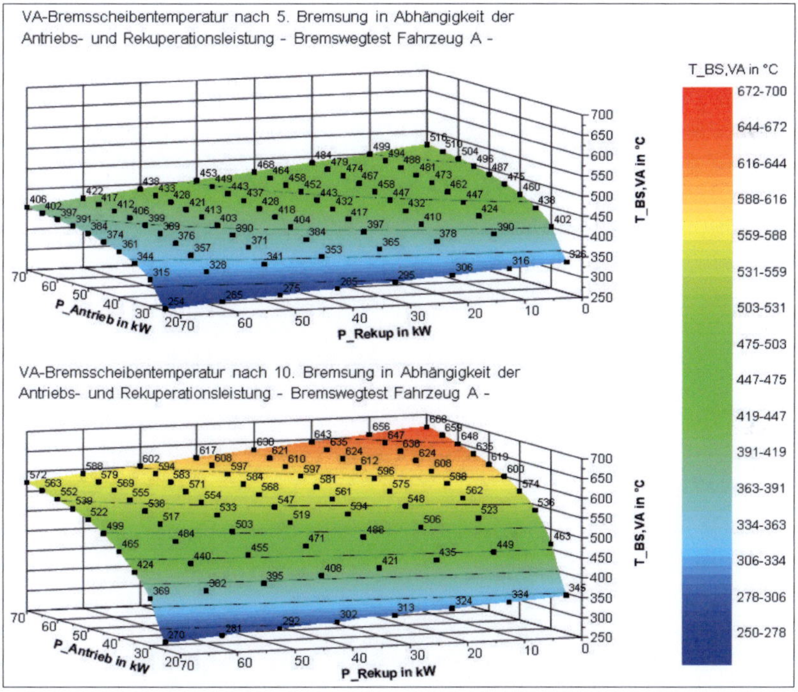

Abb. 6.32: Einfluss der Antriebs- und Rekuperationsleistung auf die maximalen VA-Bremsentemperaturen im Bremswegtest

Es wird ersichtlich, dass bei dieser Prüfmethodik die Reduktion der Antriebsleistung wirkungsvoller ist, als die Erhöhung der Rekuperationsleistung. Entsprechend lässt sich durch die Steigerung der Rekuperationsleistung um 50 kW die Bremsentemperatur um 66 K senken, wobei eine Reduktion der Antriebsleistung um 50 kW die maximale Bremsentemperatur um 323 K reduziert. Dementsprechend wäre das Derating der Antriebsleistung eine geeignete Methode, die Bremsentemperaturen zu senken, falls die Radbremsen auf Grund einer sehr dynamischen Fahrweise bzw. Missbrauch zu überhitzen drohen.

d) Auswirkungen der Ausgangsgeschwindigkeit der Bremsung

Bei der Betrachtung der Testmethodik als solcher, wurde die Variation der Ausgangsgeschwindigkeiten betrachtet und es wird deren nichtlinearer Einfluss auf die Temperaturen der Radbremsen ersichtlich (Abb. 6.33). In der Darstellung sind die resultierenden VA-Bremsentemperaturen einer Massiv-Scheibe (Radbremse 6) nach der 5. und 10. Bremsung mit und ohne Rekuperation für verschiedene Ausgangsgeschwindigkeiten in den Stillstand dargestellt. Die Abbildung zeigt ebenfalls, dass bei abnehmender Ausgangsgeschwindigkeit einer Bremsung die thermische Entlastung der Radbremsen durch die Rekuperation ansteigt.

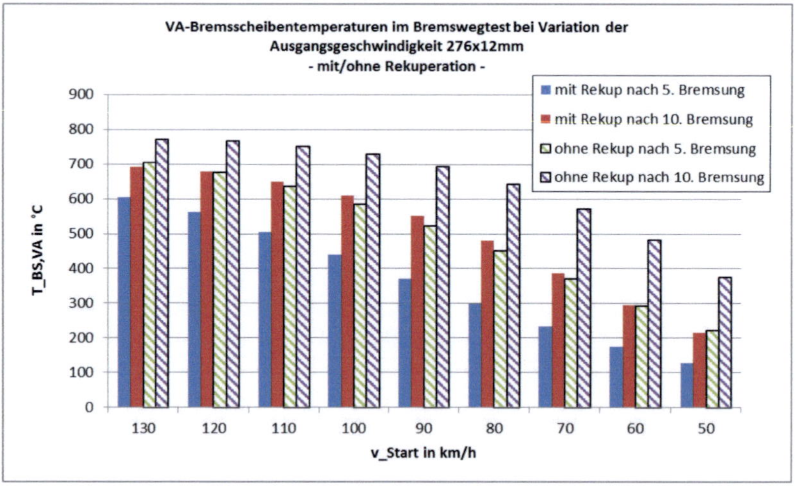

Abb. 6.33: Bremsentemperaturen bei Variation der Ausgangsgeschwindigkeit im Bremswegtest

Bei einer Änderung der Testprozedur hin zu einer Absenkung der Ausgangsgeschwindigkeit beim Bremswegtest, ließen sich die Radbremsen kleiner dimensionieren und das Potential der Optimierungsmöglichkeiten, die sich auch bei der Analyse der Passabfahrt eröffneten, umsetzen. Bei einer Grenztemperatur von 700 °C müsste demnach aus 90 km/h bei Vernachlässigung der Rekuperation angebremst werden. Der Darstellung ist ebenfalls zu entnehmen, dass zehn Bremsungen mit Rekuperation in etwa die gleichen Bremsentemperaturen wie fünf Bremsungen ohne Rekuperation erzielen.

e) Auswirkungen der Bremskraftverteilung

Die nachfolgende Abb. 6.34 stellt die theoretisch erzielbare Verzögerung in Abhängigkeit des Bremsdrucks dar. Es lässt sich sowohl die Verzögerung bei der Abbremsung beider Achsen, als auch die Verzögerung bei alleiniger Betätigung der Vorder- oder Hinterachse entnehmen. Ebenso sind hier zur Validierung die Messwerte von Fahrzeug A mit und ohne Rekuperation eingetragen. Die Rekuperationsfunktion an der Vorderachse verschiebt bei Abbremsungen von 100 km/h auf 50 km/h die Kennlinie um den Betrag der rekuperativen Verzögerung.

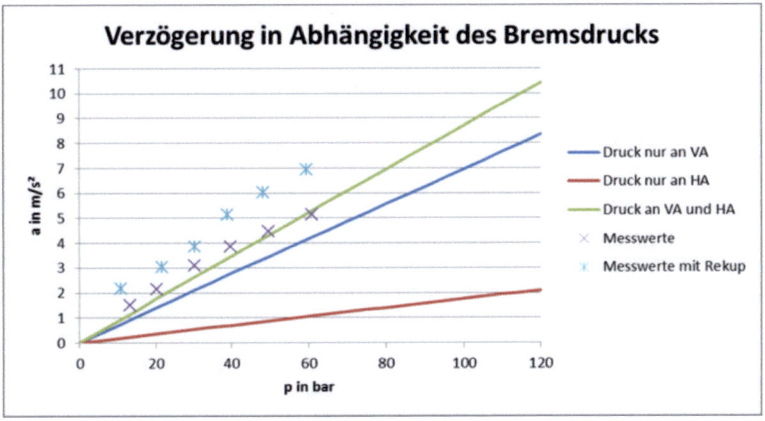

Abb. 6.34: Verzögerung in Abhängigkeit des Bremsdrucks

Bezüglich der Bewertung der Stabilität bei einem Bremsvorgang hat sich in der Bremsenentwicklung das Bremskraftverteilungsdiagramm etabliert, wie in Abb. 6.35 dargestellt. Erweitert wurde das Diagramm um rekuperative Verzögerungen an der Vorder- und Hinterachse. Bei zusätzlichen, rekuperativen Bremskräften an der Vorderachse wird die Gerade der installierten Bremskraftverteilung um den Betrag der rekuperativen Verzögerung auf der Abszisse nach rechts verschoben (blaue Gerade), analog dazu findet bei der Rekuperation an der Hinterachse eine Verschiebung der Geraden entlang der Ordinaten statt (gelbe Gerade).

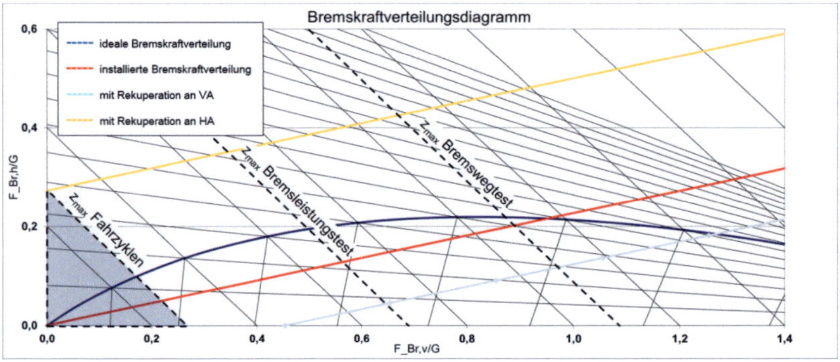

Abb. 6.35: Bremskraftverteilungsdiagramm unter Berücksichtigung der rekuperativen Verzögerung

Während das dargestellte Fahrzeug mit Zentralmotor an der Vorderachse bei den geringen Verzögerungen der Passabfahrt, den alltäglichen Fahrzyklen und beim Bremsleistungstest bremsstabil bleibt ($z_{max} < 0{,}7$), wird das Fahrzeug bei den Abbremsungen im Bremswegtest instabil und die Rekuperationsleistung muss auf Grund des stabilisierenden, radselektiven ESP-Regeleingriffs deaktiviert werden. Somit ergibt sich bei höheren Verzögerungen eine Einschränkung der Rekuperationsfunktion und der energetischen Entlastung der Radbremsen.

Als Zwischenfazit für die Bremsenauslegung lässt sich festhalten, dass die Beschleunigungsleistung in noch stärkerem Maße als bei PKW mit konventionellem Antriebsstrang den Temperaturanstieg der Radbremsen beeinflusst, da die Auslegung des elektrischen Antriebsstrangs bezüglich der Wiederholbarkeit von maximalen Antriebsleistungen die Abkühlzeiten der Radbremsen verlängern kann (vgl. **Hypothese II**). Die resultierenden Bremsleistungen beim Bremswegtest sind höher als die darstellbaren Rekuperationsleistungen, sodass eine zusätzliche Energiesenke notwendig ist, wobei dies in der Regel die Radbremsen sind.

Die Speicherkapazität der Traktionsbatterie ist ausreichend dimensioniert, um die kinetische Energie des Bremswegtests aufzunehmen. Dies gilt sowohl für BEV als auch für HEV (**Hypothese I**). Auf Grund der oben genannten Leistungsdefizite und der Deaktivierung der Rekuperationsfunktion bei hohen Verzögerungen mit Eingriff von Antiblockier- und Stabilitätssystemen, können maximal 10 % der kinetischen Energie rekuperiert werden.

Der Einfluss der Betriebsstrategie hinsichtlich der Rekuperationscharakteristik ist bei diesem Testzyklus als gering einzustufen, was thematisch **Hypothese IV** zuzuordnen ist. Dagegen ist die Reduktion der Antriebsleistung mit Blick auf die Reduktion der maximalen Bremsentemperaturen in diesem Test wirkungsvoller als die in gleichem Maße erhöhte Rekuperationsleistung.

Eine wesentliche Annäherung an die Optimierungspotenziale der Radbremsen, wie bei der Passabfahrt, ergibt sich erst bei der Abwandlung der Prüfmethodik hin zu geringeren Ausgangsgeschwindigkeiten oder einer Reduktion der Anzahl der Wiederholungen der Vollbremsungen, was die **Hypothese VII** stützt. Dies gilt natürlich auch in gleichem Maße für konventionelle Fahrzeuge, ist aber im Falle von Elektrofahrzeugen gerechtfertigt, da diese zum einen oft antriebsseitig nicht auf die wiederholte Dauerbelastung ausgelegt und zum anderen auf Grund der ohnehin schon beschränkten Reichweite auf Effizienz optimiert sind und für die auf Grund einer einzelnen Testprozedur übermäßig groß dimensionierte Radbremsen hinsichtlich des Mehrgewichts kontraproduktiv wären.

Des Weiteren ist davon auszugehen, dass sich, durch den steigenden Grad des autonomen Fahrens bei der individuellen Mobilität, Vollbremsungen auf ein Minimum reduzieren (Abschnitt 6.5). Der konstruktiven Neuorientierung hinsichtlich einer Reduktion der

Radbremsen steht demnach der Bremswegtest in seiner jetzigen Form im Weg.

Bremsleistungstest

Beim Bremsleistungstest werden die Fahrzeuge von 80 km/h auf 90 % der Höchstgeschwindigkeit beschleunigt und 10 Sekunden gehalten, bevor mit 0,7g wieder auf 80 km/h verzögert wird. Nach der fünften Bremsung erfolgt eine Vollbremsung aus 90 % der Höchstgeschwindigkeit mit einer anschließenden Fahrt mit konstanter Geschwindigkeit, bis die Bremse auf 100 °C abgekühlt ist. Danach erfolgen fünf weitere 0,7g-Verzögerungen.

a) Auswirkungen der Startgeschwindigkeit der Bremsung

Kennzeichnend für den Bremsleistungstest ist die Startgeschwindigkeit bei der Bremsung, die von der Höchstgeschwindigkeit des PKW abhängt. Deshalb ist in Abb. 6.36 eine Auswahl der Maximalgeschwindigkeiten verschiedener ZEV dargestellt. Der Mittelwert liegt bei 147 km/h, wobei einzelne Fahrzeuge maximal auch bis zu 250 km/h erreichen. Bei diesen Fahrzeugen handelt es sich allerdings nicht mehr um typische Elektro-Stadtfahrzeuge aus dem Klein- und Kompaktwagensegment, sondern um batterieelektrische Fahrzeuge aus dem Segment der Oberklasse. Die Fahrzeuge sind in der Regel konzeptbedingt auf eine Maximalgeschwindigkeit begrenzt, um eine zu schnelle, auf Grund der auftretenden, hohen elektrischen Ströme, ineffizienten Entladung der Traktionsbatterie zu vermeiden. Anzumerken sei, dass im Falle des Tesla Model S bei internen Messungen die Höchstgeschwindigkeit nur ein einziges Mal erreicht wurde. Danach lag die Maximalgeschwindigkeit bei weiteren Messungen mit Start bei SOC = 98 % für knapp 70 s bei 233 km/h und fiel danach auf 216 km/h. Nach 900 s Volllast wurden nur noch 180 km/h erreicht.

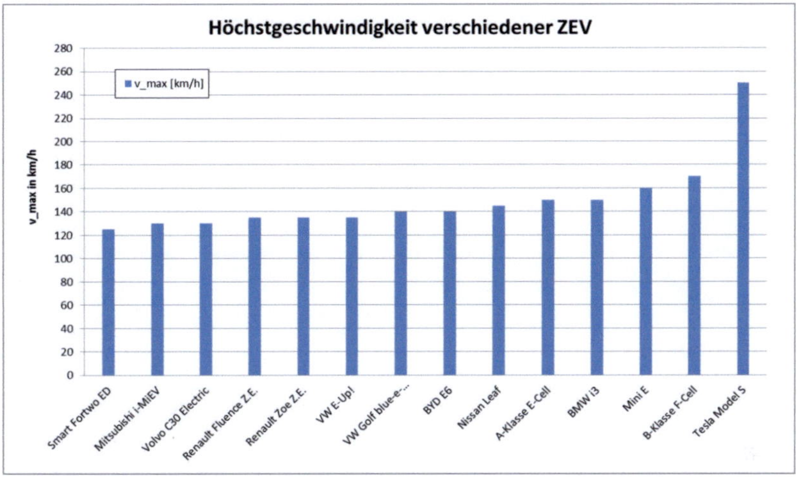

Abb. 6.36: Höchstgeschwindigkeit verschiedener ZEV

Beim Vergleich der umzusetzenden kinetischen Energien zwischen PKW mit elektrischem Antriebsstrang (ZEV) und konventionell angetriebenen Fahrzeugen (ICE) wird ersichtlich, dass dieser Test für die thermische Belastung der Radbremsen bei ZEV eine untergeordnete Rolle spielt, Abb. 6.37, und untermauert damit **Hypothese VI**. Ursächlich für den höheren Energieeintrag bei geringerer Fahrzeugmasse bei den verbrennungsmotorisch betriebenen Fahrzeugen sind die konzept- und testbedingten höheren Maximalgeschwindigkeiten und damit die Startgeschwindigkeiten bei der Bremsung.

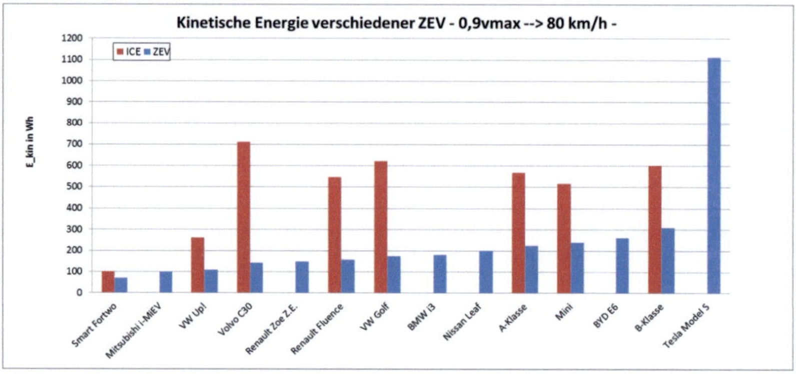

Abb. 6.37: Kinetische Energie verschiedener ZEV und ICE beim Bremsleistungstest

Die Rückwirkungen der in Abb. 6.37 dargestellten verschiedenen umzusetzenden kinetischen Energien auf die thermische Beanspruchung der Radbremsen wurden simulativ analysiert. Exemplarisch wurde ein ZEV, von dem auch eine verbrennungsmotorische Variante verfügbar ist, mit dieser verglichen. Dabei wurde die gleiche Testspezifikation zu Grunde gelegt. Unterschiede gibt es aber konzeptbedingt bei den Fahrzeugmassen, den Fahrleistungen und den Höchstgeschwindigkeiten. Die Temperaturverläufe der Vorderachsbremsscheiben der beiden Fahrzeugkonzepte sind in Abb. 6.38 gegenüber gestellt. Trotz der identischen Radbremsen an den Vorder- und Hinterachsen, ergibt sich durch die unterschiedlichen Antriebskonzepte beim Bremsleistungstest bei der maximalen Temperatur eine Differenz von 215 K. Wird darüber hinaus das Rekuperationsvermögen des elektrischen Antriebsstrangs bei den 0,7g-Verzögerungen berücksichtigt, lassen sich in diesem Fall die Radbremsentemperaturen an der Vorderachse um weitere 35 K senken und damit die Differenz auf 250 K erhöhen. Die maximalen Bremsscheibentemperaturen treten bei der 5a.-Bremsung auf und sind mit ca. 490 °C beim ZEV bei Vernachlässigung der Rekuperation als unkritisch einzustufen.

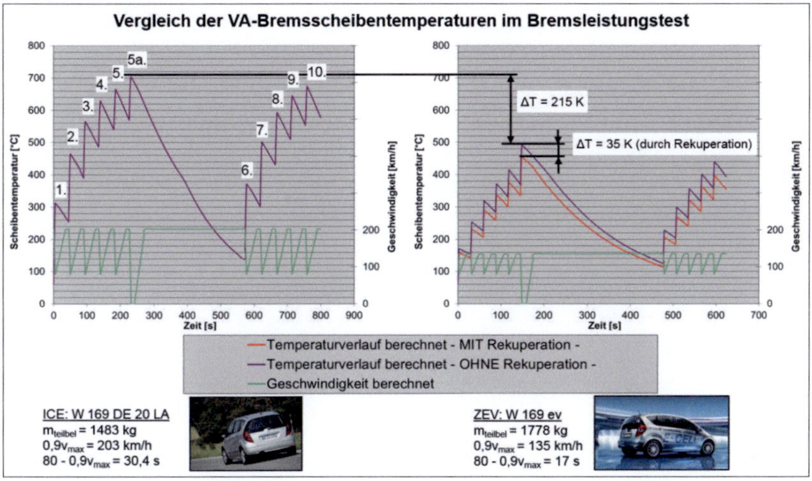

Abb. 6.38: Verlauf der VA-Bremsentemperaturen im Bremsleistungstest (ICE und ZEV)

b) Auswirkungen der Rekuperationsleistung

Die Leistungsanforderung für eine 0,7g-Teilverzögerung aus 90 % der Höchstgeschwindigkeit auf 80 km/h sind in Abb. 6.39 grafisch dargestellt. Demnach findet die Verzögerung in einem Geschwindigkeitsbereich statt, in dem die maximal freigegebene Rekuperationsleistung genutzt werden kann.

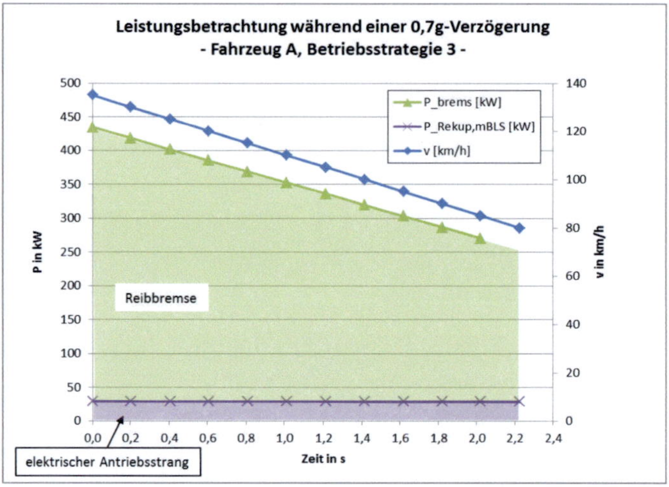

Abb. 6.39: Theoretische Aufteilung der Bremsleistung während einer 0,7g-Teilverzögerung

Die Aufteilung der Bremsenergie während einer 0,7g-Teilverzögerung bei Fahrzeug A mit der Betriebsstrategie 3 kann Abb. 6.40 entnommen werden. Daraus geht hervor, dass der elektrische Antriebsstrang mit 17,9 Wh zumindest 8,2 % der gesamten Bremsenergie aufnehmen kann. Wird Betriebsstrategie 4 umgesetzt, lässt sich der rekuperative Anteil auf 9,6 % der umzusetzenden Bremsenergie steigern.

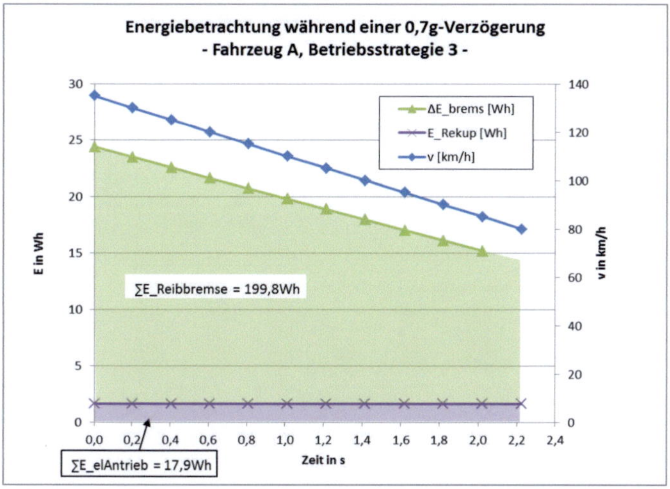

Abb. 6.40: Theoretische Aufteilung der Bremsenergie während einer 0,7g-Teilverzögerung

Die theoretische Aufteilung der Bremsenergie im Bremsleistungstest in den Reib- und Rekuperationsanteil ist für die drei Versuchsfahrzeuge A, B und C und für den Tesla Model S in Abb. 6.41 zusammengefasst. Die gesamte anfallende Bremsenergie bei einer 0,7g-Teilverzögerung im Bremsleistungstest ist beim Tesla Model S aufgrund der größten Masse und der höchsten Ausgangsgeschwindigkeit erwartungsgemäß am größten.

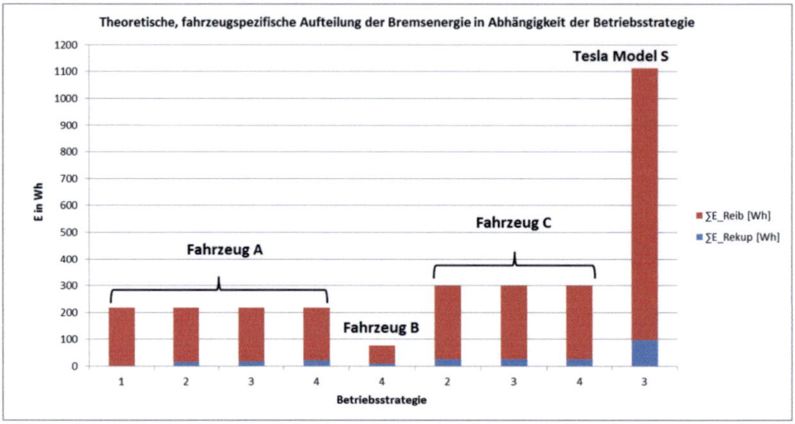

Abb. 6.41: Fahrzeugspezifische Aufteilung der Bremsenergie im Bremsleistungstest in Abhängigkeit der Betriebsstrategie

Die theoretisch rekuperierbare Energiemenge bezogen auf die gesamte Bremsenergie ist bei Fahrzeug B mit 12 % am höchsten. Da die Rekuperationsleistung im Geschwindigkeitsbereich von 90 % der Höchstgeschwindigkeit auf 80 km/h bei allen Fahrzeugen jeweils konstant ist und die umzusetzende Energie auf ähnlichem Niveau liegt wie beim Bremswegtest, ist beim Bremsleistungstest die Entlastung der Radbremsen durch den elektrischen Antriebsstrang größer (vgl. **Hypothese VII**). Anders verhält es sich bei Fahrzeugen mit hoher Maximalgeschwindigkeit, wie beispielsweise dem Tesla Model S, bei dem die absolute Rekuperationsmenge am höchsten, der prozentuale Anteil jedoch beim Bremsweg- und dem Bremsleistungstest auf vergleichbarem Niveau liegt.

c) Auswirkungen der Kombination von Antriebs- und Rekuperationsleistung

Sofern die Herstellerdaten zur Maximal-, Dauer- und Rekuperationsleistung verfügbar waren, wurden diese in Abb. 6.42 dargestellt. Bei der Rekuperationsleistung handelt es sich um berechnete Werte bei einer Laderate von $C\text{-Rate}_{laden}$ = 1,0 1/h, da in der Regel keine Daten des Herstellers veröffentlicht waren. Die tatsächlichen Werte können entsprechend etwas höher oder niedriger liegen, die abgeschätzten

Größenordnungen sollten allerdings zutreffend sein. Die Rekuperationsleistung liegt stets um ein Vielfaches unterhalb der Antriebsleistung.

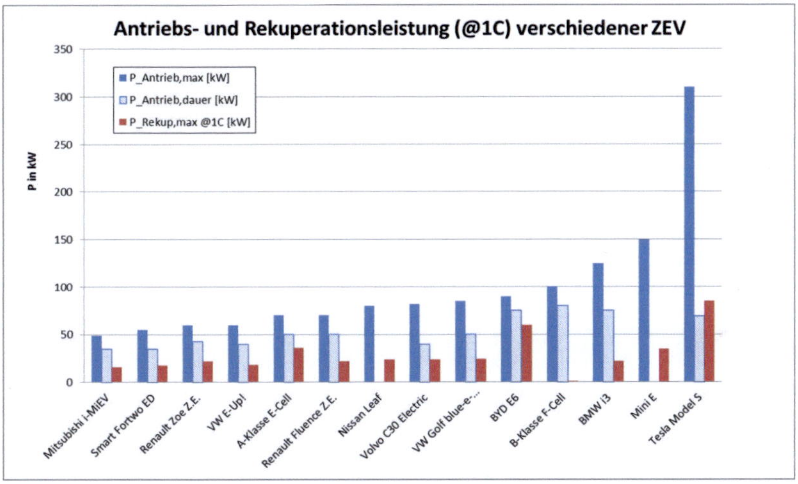

Abb. 6.42: Antriebs- und Rekuperationsleistungen verschiedener ZEV

In einer simulationsgestützten Parameterstudie sollen die Antriebs- und Rekuperationsleistungen des elektrischen Antriebsstrangs systematisch variiert werden, um deren Einfluss auf die Temperaturen der Radbremsen im Bremsleistungstest zu quantifizieren. Das Ergebnis lässt sich gemäß Abb. 6.43 in Form eines Kennfeldes darstellen. Jeder Punkt im Kennfeld steht für die Endtemperatur bei einer bestimmten Kombination von Antriebs- zu Rekuperationsleistung. Als sinnvoll wurde die Betrachtung der Temperatur nach der Vollverzögerung (5a) erachtet, da hier generell die höchsten Temperaturen im Test auftreten, vgl. auch Abb. 6.38.

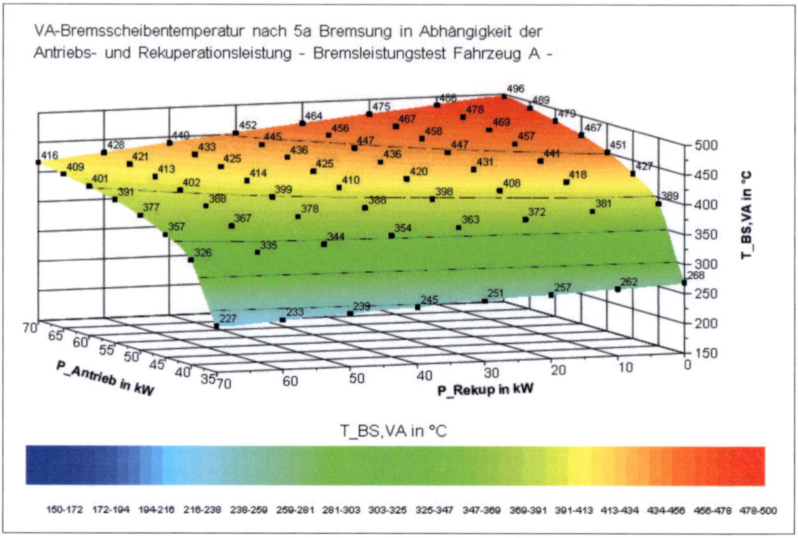

Abb. 6.43: Einfluss der Antriebs- und Rekuperationsleistung auf die Bremsentemperaturen im Bremsleistungstest

Es lässt sich für jede Kombination aus Antriebsleistung und Rekuperationsleistung die resultierende Temperatur der Vorderachsbremsen bestimmen. Wie beim Bremswegtest ist auch hier festzuhalten, dass die Reduktion der Antriebsleistung hinsichtlich der Reduktion der Bremsentemperaturen wirkungsvoller ist, als die Erhöhung der Rekuperationsleistung um den gleichen Betrag.

d) Auswirkungen der Bremsscheibenmasse

Die Auswirkungen der Reduktion der Bremsscheibenmasse am Beispiel des Tesla Model S als Vertreter für ZEV, die eine Höchstgeschwindigkeit von 250 km/h erreichen, auf die VA-Bremsentemperaturen veranschaulicht Abb. 6.44. Durch die Bremsenergierückgewinnung ergeben sich im Durchschnitt zu jedem der drei betrachteten Zeitpunkte des Bremsleistungstests um 50 K bis 60 K niedrigere Bremsentemperaturen als ohne Rekuperation. Bei der Zugrundelegung einer maximal zulässigen Bremsentemperatur von 700 °C ließen sich unter Berücksichtigung der Rekuperation die VA-Bremsscheiben um jeweils

5 kg reduzieren, basierend auf den Bremsscheiben mit jeweils 16 kg Masse.

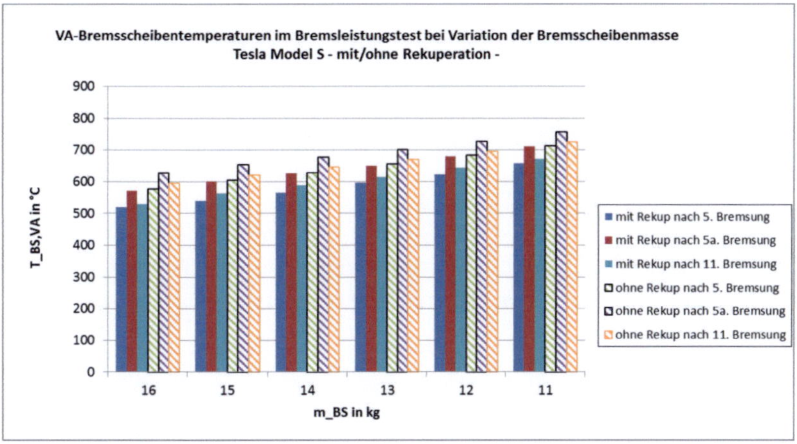

Abb. 6.44: VA-Bremsscheibentemperaturen beim Bremsleistungstest bei Variation der Bremsscheibenmasse

Für den Bremsleistungstest zur Simulation einer zügigen Autobahnfahrt lässt sich aus theoretischer Sicht, unter Berücksichtigung der derzeitigen konzeptionellen Besonderheiten von Elektrofahrzeugen, festhalten, dass dieser Test für den Temperaturhaushalt der Radbremsen eine untergeordnete Rolle spielt, solange die Höchstgeschwindigkeiten meistens noch nicht vergleichbar sind mit denen von konventionellen Fahrzeugen, d. h. in Größenordnungen über 200 km/h. Eine Ausnahme stellt beispielsweise der Tesla Model S dar. Derzeit sind zum einen die Höchstgeschwindigkeiten limitiert, die den Energieeintrag begrenzen, und zum anderen finden ausreichend Kühlzeiten auf Grund der geringen Elastizitätswerte in den oberen Geschwindigkeitsbereichen statt. Darüber hinaus kann in den Geschwindigkeitsbereichen der ZEV und bei den Teilverzögerungen mit der maximal möglichen Entlastung durch den elektrischen Antriebsstrang gerechnet werden. Die Erkenntnisse werden in die Bewertungen der **Hypothesen VI** und **VII** einfließen.

6.3.2 Experimentelle Methoden

In diesem Teilabschnitt werden an Hand von Ergebnissen aus Fahrversuchen zu den Leistungstests Erkenntnisse für die Auslegung von Radbremsen unter Berücksichtigung der Rekuperation vorgestellt. Der Fokus liegt auf den Temperaturentwicklungen der Radbremsen und den Kenndaten des elektrischen Antriebsstrangs während den leistungsorientierten Fahrzyklen. Es sollen die folgenden Fragen beantwortet werden:

- Werden bei den Leistungstests thermische Grenzen der Komponenten des elektrischen Antriebsstrangs erreicht?
- Wie beeinflusst eine ABS-Regelbremsung die Rekuperationsleistung?
- Wie wirkt sich eine Variation der Betriebsstrategie, der Radbremsdimension und der Antriebsarchitektur auf den Temperaturhaushalt der Radbremsen aus?
- Können die Energiebilanzen an den Radbremsen aus den analytischen Betrachtungen durch die experimentellen Methoden bestätigt werden?

a) Thermische Beanspruchung im Bremswegtest

Abb. 6.45 zeigt die charakteristischen Temperaturverläufe der Vorderachs- und Hinterachsradbremsen und die Kenndaten des elektrischen Antriebsstrangs exemplarisch für den Bremswegtest.

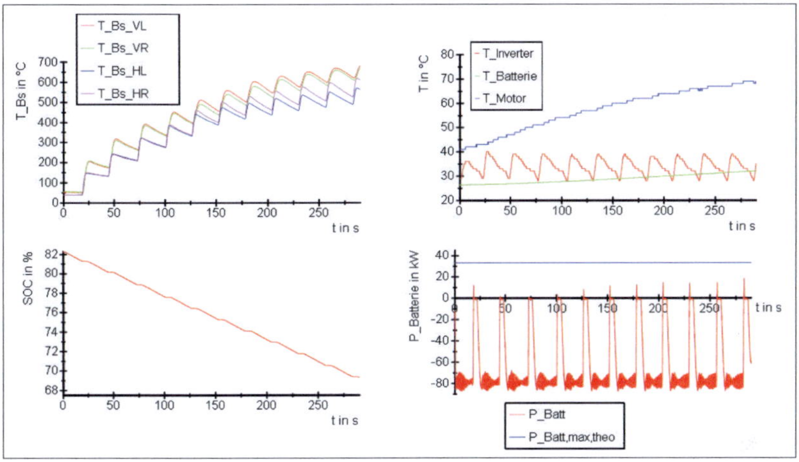

Abb. 6.45: Kenndaten der Radbremsen und des elektrischen Antriebsstrangs beim Bremswegtest

Der SOC nimmt während des Tests um ca. 12 % ab und die Temperaturen des E-Motors und der Batterie steigen kontinuierlich an, erreichen bei diesem Fahrzeug allerdings keine Werte, die zur Reduktion der Antriebsleistung führen. Die Temperatur des Inverters steigt bei jeder Verzögerung, fällt aber wieder bei jeder Beschleunigung und bleibt auf einem konstanten Niveau. Auffallend ist zudem, dass auf der einen Seite die maximale Antriebs- respektive Entladeleistung der Batterie genutzt werden kann, auf der anderen Seite die maximal freigegebene Rekuperations- beziehungsweise Ladeleistung ($P_{Batt,max,theo}$) nicht erreicht wird. Aus diesem Grund soll im weiteren Verlauf eine einzelne ABS-Regelbremsung anhand von Abb. 6.46 analysiert werden.

b) Auswirkungen der ABS-Regelung

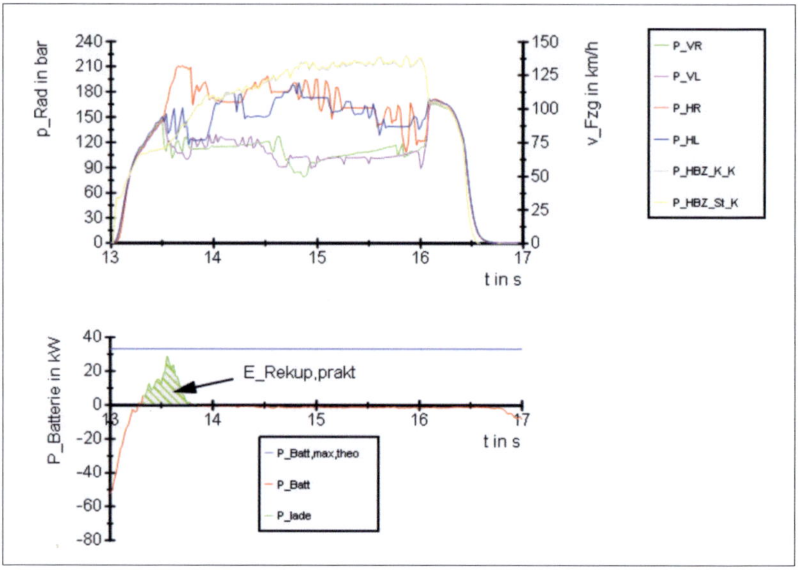

Abb. 6.46: ABS-Regelbremsung mit Rekuperation im Bremswegtest, Fahrzeug A

Bei der ersten Bremsung im Bremswegtest steigt die Rekuperationsleistung an, bis die Vorderachse blockiert und die ABS-Regelung eingreifen muss, erkennbar durch die plötzliche Reduktion des Vorderachsbremsdrucks p_{VR}. Dies geht auch aus Abb. 6.35 hervor. Die Rekuperationsfunktion steht bei dieser Applikation für den Rest der Verzögerung nicht mehr unterstützend zur Verfügung, sodass die rekuperierte Energiemenge $E_{Rekup,prakt}$ der eingeschlossenen Fläche entspricht. Im Gegensatz dazu ist die Betriebsstrategie von Fahrzeug C so gestaltet, dass es durch das ABS lediglich zu Einbrüchen der Rekuperationsleistung kommt, wie aus Abb. 12.6 ersichtlich wird.

c) Praktisch rekuperierte Energiemenge

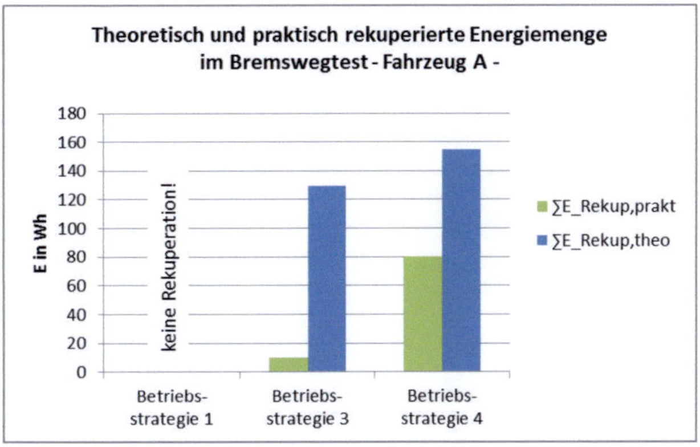

Abb. 6.47: Theoretisch und praktisch rekuperierte Energiemenge im Bremswegtest, Fahrzeug A

Die obige Abb. 6.47 stellt in Abhängigkeit von der Betriebsstrategie die theoretisch mögliche rekuperierbare Energiemenge der praktisch zurückgewonnenen Energiemenge gegenüber. Bei der theoretischen Energiemenge wurden die Rekuperationsleistungskennlinien der jeweiligen Betriebsstrategie zu Grunde gelegt, wohingegen die praktisch rekuperierte Energiemengen aus den Fahrversuchsmessungen berechnet wurden. Es zeigt sich, dass bei der Betriebsstrategie 4, das heißt mit hohem Schleppmoment bei der Entlastung des Gaspedals, absolut und auch in Relation zur theoretischen Energiemenge die meiste Energie rekuperiert werden kann. Somit ergibt sich in der Praxis ein höherer Einfluss der Betriebsstrategie, als aus den analytischen Betrachtungen hervorging (vgl. **Hypothese IV**). Diesen Trend bestätigt auch die Auswertung der Messdaten von Fahrzeug C in Abb. 12.7.

d) Temperaturen der Radbremsen im Fahrversuch

Entsprechend den realen Messdaten hat die Betriebsstrategie in diesem Testzyklus keinen signifikanten Einfluss auf die Temperaturen der Radbremsen von Fahrzeug A, wie aus Abb. 6.48 ersichtlich ist. Die eingesetzten Radbremsen waren bei jedem Durchgang die Radbremse 288x25mm, belüftet.

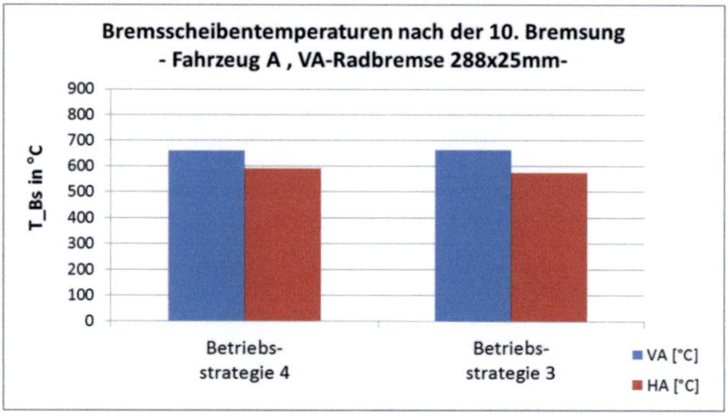

Abb. 6.48: Bremsentemperaturen im Bremswegtest: Einfluss der Betriebsstrategie bei Fahrzeug A, Radbremse 288x25mm, belüftet

Die tatsächlich rekuperierte Bremsenergiemenge ist abhängig von der Betriebsstrategie. Die theoretische Rekuperationsenergie ergibt sich aus der Bremsenergie, die bei einer Verzögerung ohne Unterbrechung durch das ABS rekuperiert werden könnte. Demgegenüber steht die tatsächliche rekuperierte Energiemenge unter Berücksichtigung der Regeleingriffe. Folglich lässt sich aus Tab. 6.1 das Potential der zusätzlich rekuperierbaren Energiemenge entnehmen, für den Fall, dass beispielsweise durch Radnaben oder radnahe Antriebe, Antriebskonfigurationen geschaffen werden, deren Elektromotoren radindividuell ABS-fähig sind.

Tab. 6.1: Vergleich der theoretischen und praktischen Rekuperationsenergie im Bremswegtest in Abhängigkeit der Betriebsstrategie

Fahrzeug	Betriebsstrategie	$\sum E_{Rekup,theo}$ in Wh	$\sum E_{Rekup,prakt}$ in Wh	in %
Fahrzeug A	3	129,6	9,9	8
	4	154,5	79,9	52
Fahrzeug B	3	106,9	17,9	17
Fahrzeug C	2	162,7	17,2	11
	3	178,6	113,4	64
	4	198,4	158,3	80

Bei Fahrzeug B ist lediglich die Betriebsstrategie 3 dargestellt, da nur diese umgesetzt war. Es wird deutlich, dass bei diesem Fahrzeug lediglich 17 % der theoretisch möglichen Energiemenge zurückgewonnen wird und folglich die Radbremsen weniger stark entlastet werden, als es die Leistungscharakteristik des elektrischen Antriebsstrangs ermöglichen würde.

e) Einfluss der Bremsscheibenmassen auf die Radbremstemperaturen

Bei der Variation der Vorderachsradbremsen im Bremswegtest, unter den jeweils identischen Rahmenbedingungen (Fahrzeugbeladung, Fahrzyklus, Betriebsstrategie), resultieren die in Abb. 6.49 dargestellten maximalen Bremsscheibentemperaturen an der Vorderachse nach der Hälfte (5. Bremsung) des Tests und nach der letzter Bremsung (10. Bremsung).

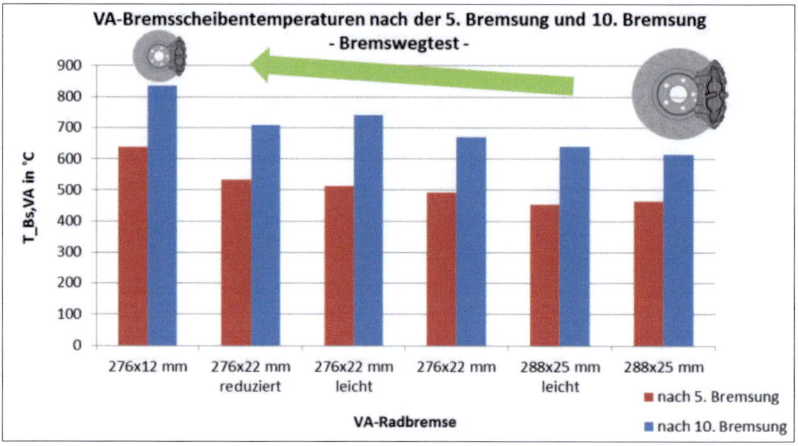

Abb. 6.49: Variation der VA-Bremsscheiben im Bremswegtest bei Fahrzeug A

Es wird deutlich, dass ausgehend von der Radbremse „288x25mm“ bei der Zugrundelegung einer Grenztemperatur von 700 °C die Radbremse auf eine „276x22mm reduziert“ verkleinert werden kann, wie auch die Analyse der alpinen Passabfahrt gezeigt hat. Es handelt sich nach wie vor um eine belüftete Bremsscheibe. Eine weitere Reduktion auf die Bremsscheibe „276x12mm“ würde einen Sprung auf eine Massivscheibe bedeuten. Damit verbunden wäre aber auch eine maximale Bremsscheibentemperatur von 840 °C, davon ausgehend, dass der gesamte Testumfang von zehn Bremsungen zu Grunde gelegt wird. Bei der Reduktion des Testumfangs auf fünf Vollbremsungen wäre die Radbremse mit der „276x12mm“ - Bremsscheibe thermisch ausreichend dimensioniert. Mit diesen Schlussfolgerungen wird die Fragestellung nach der **Hypothese VII** teilweise beantwortet.

f) Thermische Beanspruchung im Bremsleistungstest

Analog zu den Bremswegtests wurden Bremsleistungstests durchgeführt, bei denen ebenfalls die Rückwirkung der Rekuperation auf die Temperaturen der Radbremsen sowie die Entwicklung der Kenndaten des elektrischen Antriebsstrangs Gegenstand der Untersuchung sind.

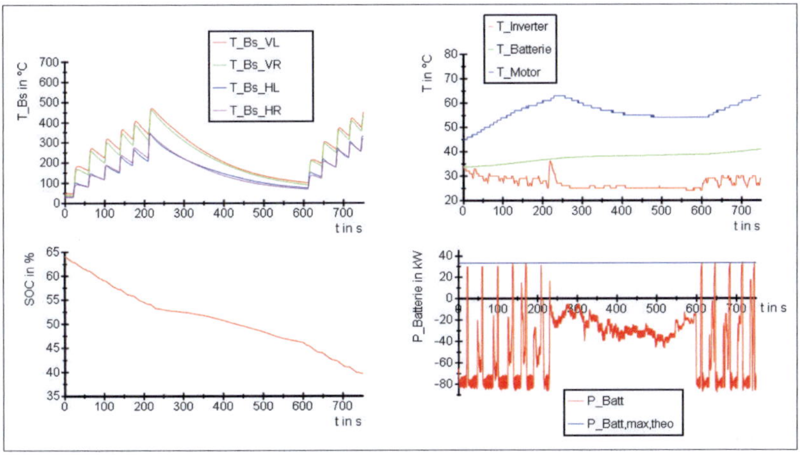

Abb. 6.50: Kenndaten der Radbremsen und des elektrischen Antriebsstrangs beim Bremsleistungstest

In Abb. 6.50 sind für einen Versuch exemplarisch die Ergebnisse dargestellt. Oben links sind die Temperaturverläufe der Radbremsen der Vorder- und Hinterachse abgebildet und darunter der Verlauf des SOC. Der Graph rechts oben zeigt die Temperaturverläufe der Komponenten des elektrischen Antriebsstrangs. Der Verlauf der Batterieleistung, unten rechts, zeigt, dass bei den Beschleunigungen die maximale Entladeleistung und bei den 0,7g-Verzögerungen die maximal freigegebene Rekuperationsleistung erreicht wird. Der SOC fällt bei diesem Test von 65 % auf 40 % und ist somit vom Energieverbrauch höher einzustufen als der Bremswegtest. Es wird ersichtlich, dass bei diesem Fahrzyklus die Rekuperation die Radbremsen teilweise entlasten kann, denn bei der 0,7g-Teilverzögerung wird die Rekuperationsfunktion nicht durch ein potentiell blockierendes Rad unterbrochen oder deaktiviert, Abb. 6.51.

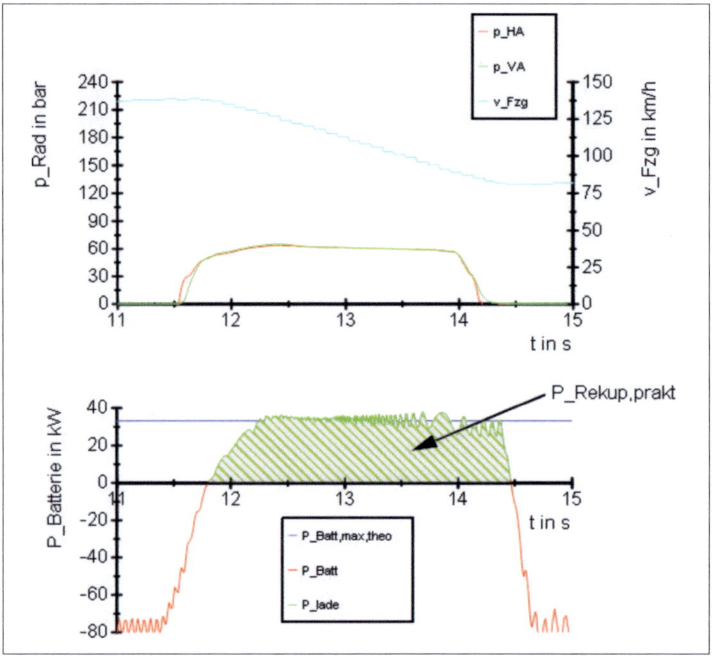

Abb. 6.51: Detail: Teilbremsung im Bremsleistungstest, Fahrzeug A

g) Praktisch rekuperierte Energiemenge

Aus Abb. 6.52 kann die theoretisch rekuperierbare und die praktisch von der Batterie aufgenommene Bremsenergie entnommen werden. Es zeigt sich, dass Betriebsstrategie 4 am effizientesten ist, bei der knapp 78 % der theoretischen Energiemenge zurückgewonnen werden können. Bei Betriebsstrategie 3 sind es immerhin 65 %. Daraus folgt, dass die Betriebsstrategie 4, mit maximalem Schleppmoment auf dem Gaspedal, die Radbremsen hinsichtlich deren thermischen Beanspruchung am stärksten entlastet.

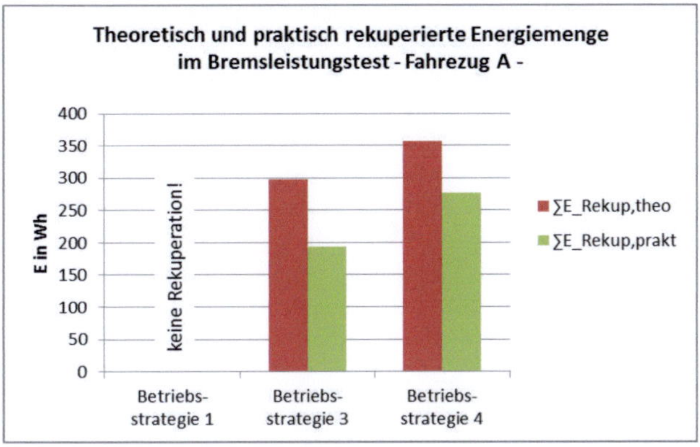

Abb. 6.52: Theoretisch und praktisch rekuperierte Energiemenge im Bremsleistungstest, Fahrzeug A

Die Verläufe der Rekuperationsleistungen der Betriebsstrategien 3 und 4 bei einer Teilverzögerung als Bestandteil des Bremsleistungstests zeigt Abb. 6.53. Es wird der steilere Gradient $\Delta P/\Delta t$ beim Aufbau der Rekuperationsleistung zum Beginn der Verzögerung und das höhere Gesamtniveau bei Betriebsstrategie 4 deutlich. Die Abweichung der tatsächlich rekuperierten Energiemenge von der idealen ist durch die Charakteristik des Anstiegs der Rekuperationsleistung zu erklären, der nicht ideal sprunghaft verläuft.

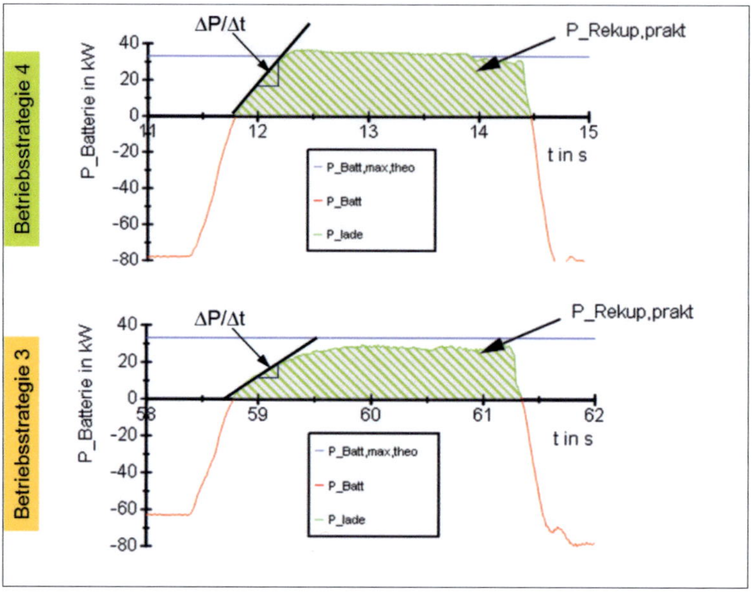

Abb. 6.53: Vergleich der Betriebsstrategien bei einer Teilverzögerung, Fahrzeug A, Radbremse 1

h) Einfluss der Bremsscheibenmassen auf die Radbremstemperaturen

Durch die Variation der Radbremsen an der Vorderachse und dementsprechend der thermischen Masse, ergeben sich die in Abb. 6.54 dargestellten Maximaltemperaturen. Folglich werden bei der 5a.-Bremsung bei der kleinsten Radbremse die 700 °C überschritten, die „276x22mm reduzierte Bremse“ kann im Gegensatz dazu problemlos eingesetzt werden. Auffallend ist, dass alle belüfteten Bremsscheiben in ähnlichen Temperaturbereichen liegen, wohingegen die Temperatur der massiven Bremsscheibe auf einem um 200 K höheren Temperaturniveau liegt.

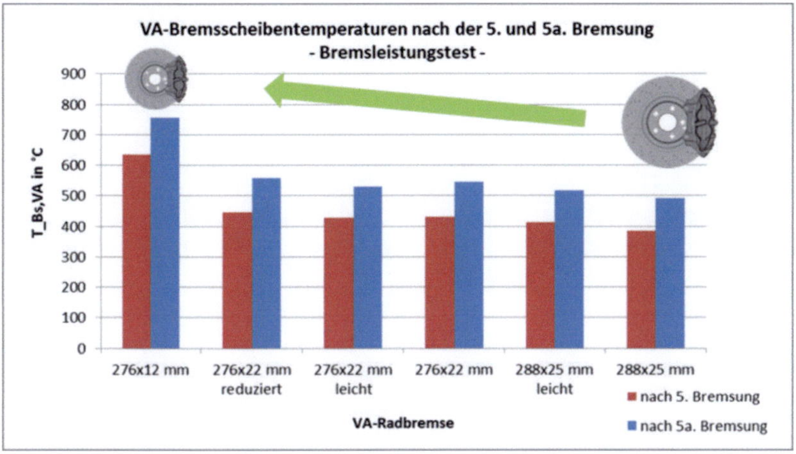

Abb. 6.54: Variation der VA-Bremsscheiben im Bremsleistungstest bei Fahrzeug A

Abschließend werden die Erkenntnisse vor dem Hintergrund der eingangs formulierten Zielstellung der experimentellen Methoden zusammengefasst. Je nach Konzeption des elektrischen Antriebsstrangs findet bei der Durchführung der Leistungstests eine Abnahme der Antriebsleistung statt, die sich positiv auf das Abkühlverhalten der Radbremsen auswirken kann (**Hypothese II**). Auch extreme Höchstgeschwindigkeiten sind sehr stark von den Kenndaten des elektrischen Antriebsstrangs abhängig und können mitunter nur vereinzelt erreicht werden. Es wird anhand der starken Reduktion des SOC während der Tests ebenfalls ersichtlich, dass dieser auch für den elektrischen Antriebstrang sehr anspruchsvoll ist. Den größten Unterschied zwischen den analytischen und den experimentellen Betrachtungen bildet das Rekuperationsverhalten während einer Vollbremsung, das heißt bei Verzögerungen mit ABS-Regeleingriff. Hier zeigt sich, dass die theoretisch rekuperierbare Energiemenge im Fahrversuch nicht erreicht wird, da je nach Applikation die Rekuperation nach dem ABS-Regeleingriff für diese Bremsung deaktiviert bleibt.

6.4 Kundenfahrzyklus

Den Leistungstests aus dem vorangegangenen Kapitel steht das Kundenfahrverhalten gegenüber. Zur Quantifizierung der Differenzen zwischen den synthetischen Fahrzyklen und dem Kundennutzungsverhalten sollen in diesem Kapitel die folgenden Fragestellungen geklärt werden und damit einen Beitrag zur systematischen Bewertung der **Hypothesen IV** und **VII** geleistet werden:

- Wie viel Energie wird im kundennahen Zyklus rekuperiert?
- Wie sieht das Verzögerungsverhalten aus? (Häufigkeit, Start- und Endgeschwindigkeit)
- Welche Bremsleistungen treten im Alltag bei ZEV auf?
- In welchen Wertebereichen bewegen sich die Kenndaten des elektrischen Antriebsstrangs? (Beeinflussung der theoretischen Rekuperationsleistung, vgl. Abschnitt 6.1)
- Wie sieht die Häufigkeitsverteilung der Antriebs- und Rekuperationsleistung im kundennahen Betrieb aus?

Daraus soll die thermische Beanspruchung der Radbremsen im Kundenfahrzyklus von ZEV quantifiziert werden.

6.4.1 Analytische Methoden

Analog zu den methodischen Ansätzen zur Bewertung der alpinen Passabfahrt und der Leistungstests wird auf den Kundenfahrzyklus eingegangen.

Inwieweit sich die Verzögerung auf die rekuperierbare Energiemenge auswirkt, veranschaulicht Abb. 6.55. Für Fahrzeug A wurde unter Annahme der Vollbeladung auf das zulässige Gesamtgewicht die rekuperierbare Energiemenge bei einer Verzögerung von 100 km/h in den Stillstand für die drei Betriebsstrategien berechnet, bei denen die Rekuperationseigenschaft aktiviert ist. Dementsprechend wirken sich die

Unterschiede der Betriebsstrategien immer weniger aus, je höher die Verzögerung ist. Des Weiteren wird deutlich, dass im Allgemeinen mit steigender Verzögerung die rekuperierbare Energiemenge, bezogen auf die umzusetzende Bremsenergie E_{Kin}, absinkt. Das beschriebene Verhalten bestätigen auch die beiden Fahrzeuge B (Abb. 12.8) und C (Abb. 12.9).

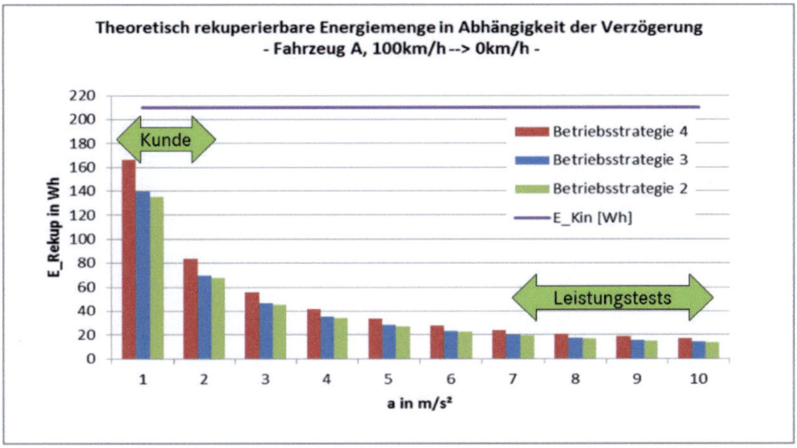

Abb. 6.55: Theoretische Rekuperationsenergie in Abhängigkeit der Verzögerung, Fahrzeug A

Es wird ersichtlich, dass zum einen die Rekuperation im Alltag (geringere Verzögerungen) eine größere Entlastung der Radbremsen bewirkt als bei den Leistungstests und sich zum anderen bei diesen Verzögerungen die rekuperierbaren Energiemengen in Abhängigkeit der Betriebsstrategie stärker unterscheiden.

An dieser Stelle ist für die Bremsenauslegung zusammenzufassen, dass bei einem Kundenfahrverhalten mit geringen Verzögerungen die Radbremsen durch den elektrischen Antriebsstrang stark entlastet werden können. Im Gegensatz dazu wirkt sich die Rekuperation mit steigender Verzögerung immer schwächer auf die Reduktion des Energieeintrags in die Radbremsen aus, was auch durch die Analysen der Leistungstests in den vorherigen Kapiteln bestätigt wurde. Diese Erkenntnisse ergeben einen weiteren Baustein zur Bewertung der **Hypothese IV**.

6.4.2 Experimentelle Methoden

a) Verzögerungsverhalten

Anhand einer 150 km langen Fahrstrecke im Alltagsbetrieb wurden das Verzögerungsverhalten und die auftretenden Bremsleistungen ebenso analysiert, wie die Kenndaten des elektrischen Antriebsstrangs, die das Rekuperationsvermögen beeinflussen.

Abb. 6.56 zeigt die Häufigkeitsverteilung der Verzögerungen auf der oben genannten Strecke. Die Abbildung beinhaltet ebenfalls die maximalen Verzögerungen des elektrischen Antriebsstrangs, die ohne eine Betätigung des Bremspedals, d. h. nur durch das Schleppmoment durch die Entlastung des Gaspedals, erreicht werden. Je nach Betriebsstrategie des ZEV können auf diese Weise 55 % bis 95 % aller Bremsungen durch die Rekuperation abgedeckt werden. Die mittleren rekuperativ erreichbaren Verzögerungswerte ohne die Betätigung des Bremspedals verschiedener ZEV sind [47] entnommen.

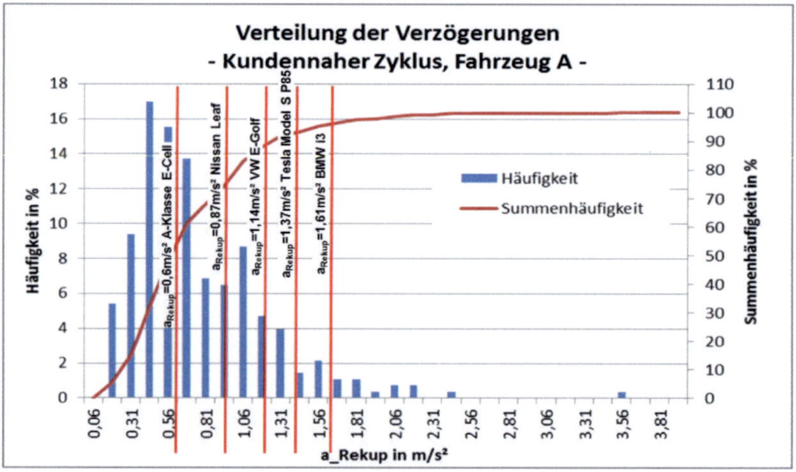

a_{Rekup} = Verzögerung, die über die Entlastung des Gaspedals erreicht wird (ohne Betätigung des Bremspedals)

Abb. 6.56: Häufigkeitsverteilung der Verzögerungen eines ZEV im kundennahen Betrieb

b) Bremsleistungen

Werden die mittleren Bremsleistungen und Verzögerungen, wie sie im kundennahen Betrieb auftreten, den Werten des Bremswegtests („AMS-Test“) und des Bremsleistungstests gegenübergestellt, wird deutlich, wie weit diese Prüfprozeduren vom Alltagsbetrieb entfernt sind, Abb. 6.57. Diese Darstellung visualisiert die **Hypothese VII**. Auf der anderen Seite wird ersichtlich, dass die Leistungsanforderungen des NEFZ an die Bremsen schwächer sind als die Anforderungen im Alltag.

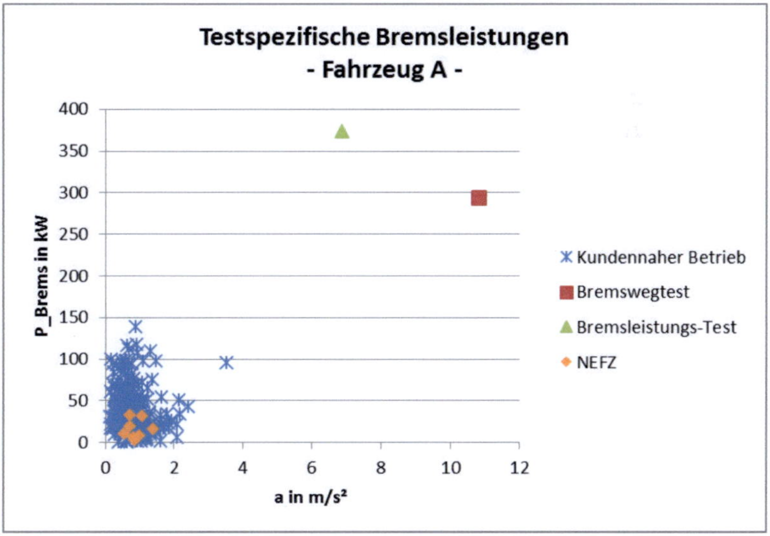

Abb. 6.57: Vergleich testspezifischer Bremsleistungen und Verzögerungen für Fahrzeug A

In Abb. 6.58 sind die Bremsleistungen im Alltagsbetrieb über den Ausgangsgeschwindigkeiten der jeweiligen Bremsung dargestellt. Die Abbildung enthält außerdem die Rekuperationsleistungskennlinie des elektrischen Antriebsstrangs sowie die auftretenden Bremsleistungen im NEFZ. Während die Verzögerungsanforderungen des NEFZ, bis auf die Abschlussbremsung aus 120 km/h, praktisch komplett durch den elektrischen Antriebsstrang erfüllt werden, treten im Alltag Bremsleistungen auf, die nur durch die ergänzende Bremswirkung der konventionellen Radbremsen erbracht werden können.

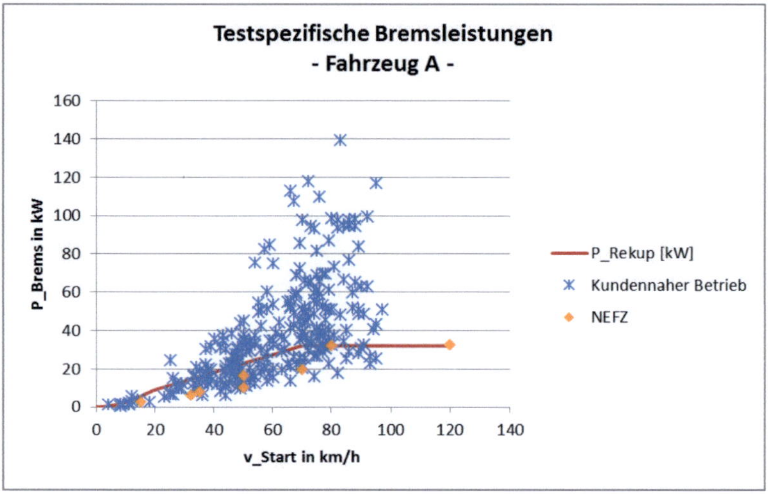

Abb. 6.58: Testspezifische Bremsleistungen in Abhängigkeit der Ausgangsgeschwindigkeit

c) Kenndaten des elektrischen Antriebsstrangs im Kundenbetrieb

Basierend auf den ermittelten Kenndaten des elektrischen Antriebsstrangs eines BEV im Kundenbetrieb, lassen sich exemplarisch deren Wertebereiche beziehungsweise Häufigkeitsverteilungen darstellen. Dadurch kann auf die im Alltagsbetrieb verfügbare Rekuperationsleistung geschlossen werden und die theoretisch technisch möglichen Rekuperationsleistungen für die thermische Auslegung der Radbremsen entsprechend korrigiert werden. Abb. 6.59 zeigt die Häufigkeitsverteilung des Batterieladezustands im Kundenbetrieb und nimmt Bezug auf die **Hypothese IV**. Es handelt sich um ein Elektrofahrzeug, das vorrangig im urbanen Umfeld eingesetzt wurde.

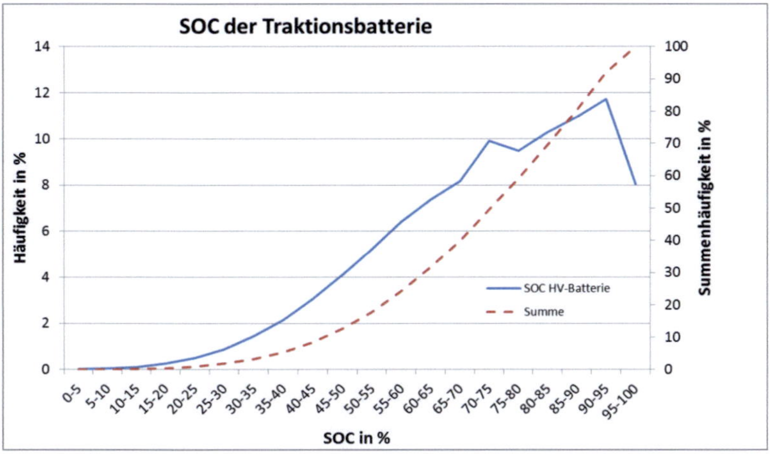

Abb. 6.59: Häufigkeitsverteilung des SOC im Kundenbetrieb, Fahrzeug B

Demnach ist davon auszugehen, dass sich der SOC die meiste Zeit zwischen 70 % und 95 % befindet, was die Rekuperationsleistung einschränkt. Es kann nicht davon ausgegangen werden, dass bei jeder Bremsung der theoretisch maximale Wert der Rekuperationsleistung zur Verfügung steht.

Auch die Batterietemperatur befindet sich selten innerhalb des Bereichs, in dem die maximale Ladeleistung der Batterie ermöglicht wird. Abb. 6.60 zeigt zwar die Batterietemperaturen des Fahrzeugs D (FCEV) mit einer verhältnismäßig kleinen Batterie von 1,4 kWh, demnach wird ersichtlich, dass der Kennwert entsprechend verteilt ist.

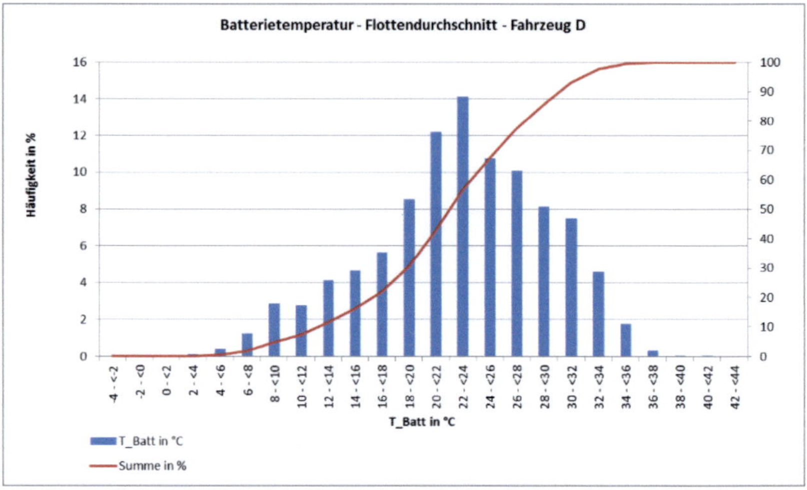

Abb. 6.60: Batterietemperatur im Flottendurchschnitt, Fahrzeug D

Der Alltagsbetrieb zeigt ebenfalls, dass auch die maximale Antriebsleistung von 70 kW im kundennahen Fahrbetrieb nicht komplett abgerufen wird, Abb. 12.10. Im Gegensatz dazu wird die Rekuperationsleistung über den gesamten Geschwindigkeitsbereich und bis zum Maximalwert beansprucht. Die zugehörige Häufigkeitsverteilung der Antriebs- und Rekuperationsleistung zeigt Abb. 6.61. Die Leistungen sind um den Ursprung von 0 kW näherungsweise normalverteilt. Hohe Antriebsleistungen werden selten abgerufen, wohingegen höhere Rekuperationsleistungen (bis 18 kW) häufig genutzt werden.

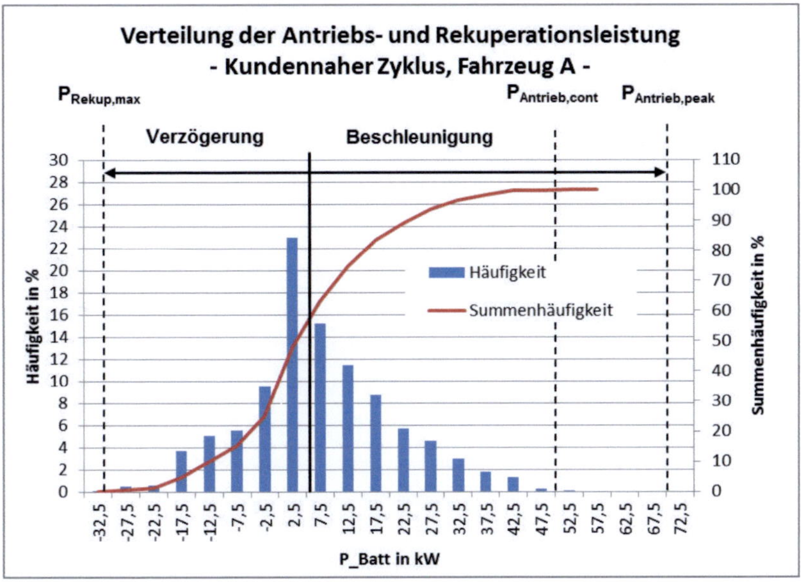

Abb. 6.61: Verteilung der Antriebs- und Rekuperationsleistung eines ZEV im kundennahen Betrieb, Fahrzeug A

Der Vergleich von theoretischer und tatsächlich rekuperierter Energiemenge, in Abhängigkeit der Verzögerung, zeigt, dass es Abweichungen gibt, Abb. 6.62.

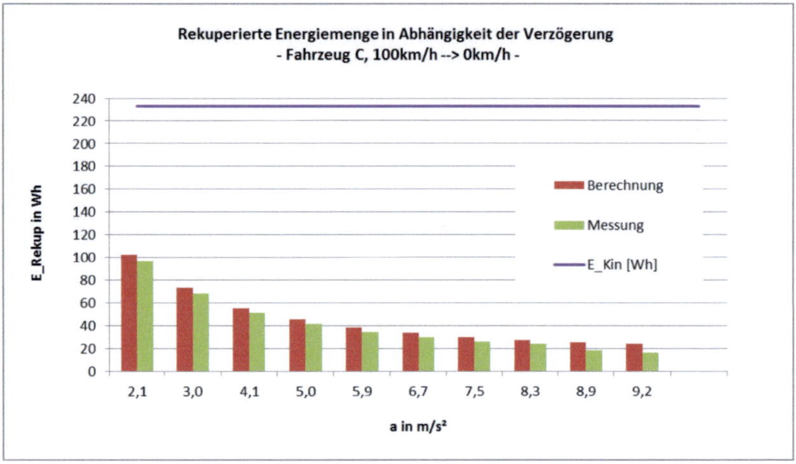

Abb. 6.62: Rekuperierte Energiemenge in Abhängigkeit der Verzögerung, Fahrzeug C

Mit steigender Verzögerung wächst die Differenz zwischen der berechneten und gemessenen rekuperierten Energiemenge. Speziell bei hohen Verzögerungen von $a > 9\ m/s^2$ an der Schlupfgrenze des Reifens erfolgen vermehrt Eingriffe des Bremsregelsystems, während derer die Rekuperation deaktiviert wird. Insofern ist hier die Differenz am größten. Im kundennahen Fahrbetrieb mit Verzögerungen bis maximal 2 bis 3 m/s^2 bedeutet dies wiederum, dass über 93 % der theoretischen Energiemenge rekuperiert werden kann.

6.5 Verbrauchszyklen und autonomes Fahren

Um die Rückwirkungen der Rekuperation auf die thermische Beanspruchung der Radbremsen umfassend zu betrachten, soll abschließend der Fokus auf gängige, angewandte Verbrauchszyklen und das autonome Fahren gelenkt werden. Zielsetzung dieses Kapitels ist die Analyse der thermischen Bremsenbelastung von PKW mit elektrischem Antriebsstrang bei unterschiedlichen Verbrauchszyklen und vor dem Hintergrund der steigenden Automatisierung des Fahrens. Dabei bilden viele der betrachteten Verbrauchszyklen „Urbanes Verkehrsgeschehen" mit viel Stop and Go und niedrigen Geschwindigkeiten ab.

a) Verbrauchszyklen

Abb. 6.63 enthält die bremsenrelevanten Parameter des jeweiligen Fahrzyklus': maximale und mittlere Verzögerung, Ausgangsgeschwindigkeit bei der Verzögerung, mittlere und maximale Bremsleistung sowie die maximale Bremsenergie der betrachteten Fahrzyklen.

Für jeden Verbrauchszyklus wurden die Bremsscheibentemperaturen der Vorderachse berechnet, sowohl mit als auch ohne Rekuperation.

Exemplarisch für einen Fahrzyklus mit höheren Geschwindigkeiten und Bremsleistungen ist der WLTP-Zyklus in Abb. 6.64 dargestellt. Die Abbildung zeigt exemplarisch den Temperaturverlauf für ein vorderradangetriebenes Fahrzeug mit einer Rekuperationsleistung von maximal 18 kW. Bezüglich des Geschwindigkeitsprofils und der Verzögerungen präsentiert sich dieser Zyklus sehr nah an dem in Abb. 6.57 visualisierten Kundenfahrverhalten und es ergibt sich ein realitätsnahes Bremsentemperaturprofil. Wird die Rekuperation in der Simulation durch das in [42] entwickelte Berechnungstool berücksichtigt, lässt sich eine starke Reduktion der Bremsentemperaturen, stellvertretend für die meisten Alltagssituationen auf Stadt- und Landstraßen, erzielen.

Testzyklus	a_max [m/s²]	a_mittel [m/s²]	v_Start,max [km/h]	v_mittel [km/h]	P_Brems,max [kW]	P_Brems,mittel [kW]	E_Brems,max [kWs]
SFTP-US06	2,3	1,2	127	83	67	26	645
WLTP	2,2	1,0	131	56	98	17	588
LA 92	2,6	1,5	104	51	63	20	716
NEFZ	1,4	0,9	120	57	33	16	529
FTP 75	1,5	1,1	90	46	22	13	361
UDDS FTP 72	1,6	0,9	91	46	18	11	434
EPA HWFET	1,3	0,4	95	78	32	13	257
SFTP-SC 03	2,0	1,0	79	47	36	15	413
Japan 10-15 Mode	0,8	0,6	70	45	16	9	324
IM 240	1,6	1,0	90	57	29	18	392
NYCC	2,2	1,1	44	30	24	10	128

Abb. 6.63: Übersicht der Testzyklen und fahrzyklusabhängige Parameter

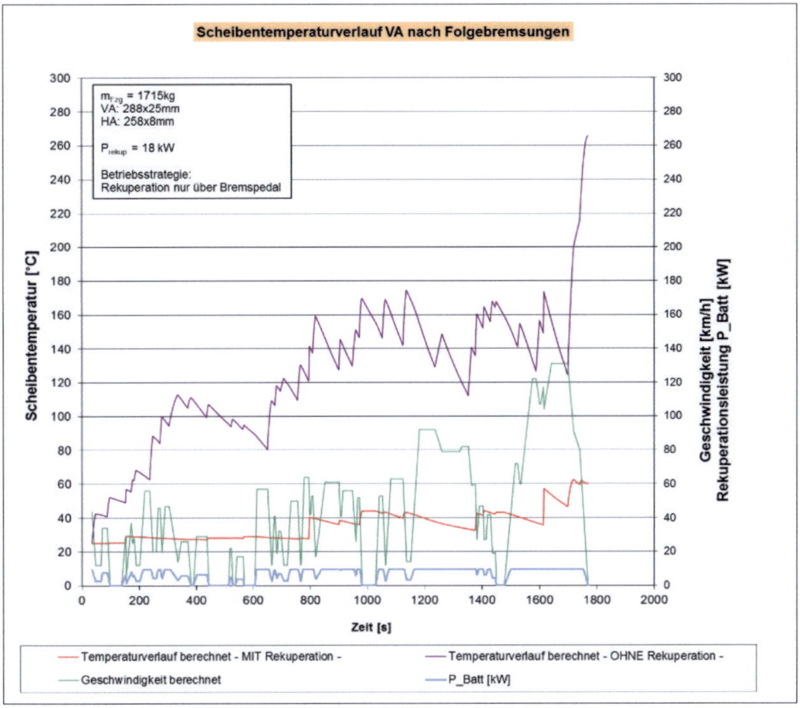

Abb. 6.64: Bremsscheibentemperaturen im WLTP

Die Darstellung der maximalen VA-Bremsscheibentemperaturen der betrachteten Fahrzyklen zeigt Abb. 6.65. Dementsprechend treten ohne die Berücksichtigung der Rekuperation maximale Bremsscheibentemperaturen auf, die signifikant geringer sind als die Maximaltemperaturen der Leistungstests. Unter Berücksichtigung der Rekuperation lassen sich die Bremsentemperaturen je nach Fahrzyklus weiter reduzieren. Dabei korreliert die maximale Bremsentemperatur mit dem Anteil der rekuperierbaren Energiemenge bezogen auf die gesamte umzusetzende Bremsenergie des jeweiligen Fahrprofils.

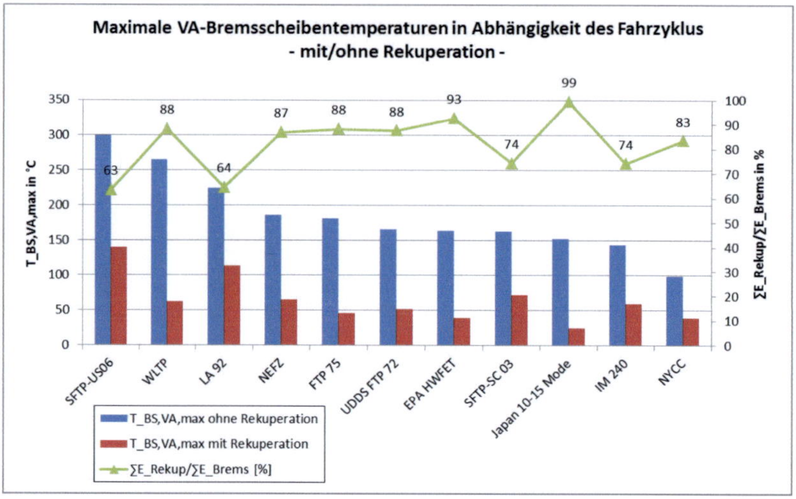

Abb. 6.65: Maximale VA-Bremsscheibentemperaturen in Abhängigkeit des Fahrzyklus

Bei der Betrachtung der auftretenden Bremsleistungen und Verzögerungen in Abb. 6.66 wird ersichtlich, dass diese eher im Bereich des Kundenzyklus liegen als die Leistungstests widerspiegeln. Bei der Abbildung handelt es sich um Abb. 6.57, ergänzt um die Bremsleistungen der weiteren Verbrauchszyklen.

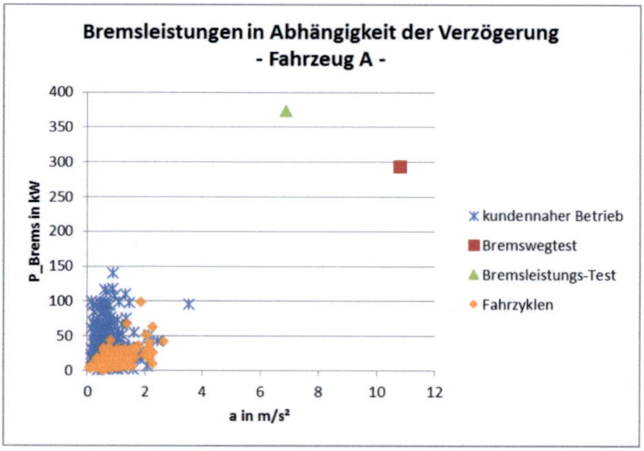

Abb. 6.66: Bremsleistungen in Abhängigkeit der Verzögerungen für verschiedene Verbrauchszyklen

b) Autonomes Fahren

Beim autonomen Fahren soll das Fahren mehr und mehr vom Fahrzeug übernommen werden, um durch vorausschauende Fahrweise und Optimierung des Verkehrsflusses [48] das Unfallrisiko zu minimieren und damit die Verkehrssicherheit zu erhöhen, sowie den Fahrer in der Fahrzeugführung zu entlasten. Es werden sechs Stufen des autonomen Fahrens definiert, von Level 0, bei dem der Fahrer selbst fährt, lenkt, beschleunigt und bremst bis zum Level 5, der völligen Autonomie des Fahrzeugs, ohne Lenkrad und Betätigungseinrichtungen, bei dem sich das Fahrzeug fahrerlos bewegen kann, Abb. 6.67.

SAE level	Name	Narrative Definition	Execution of Steering and Acceleration/ Deceleration	*Monitoring* of Driving Environment	Fallback Performance of *Dynamic Driving Task*	System Capability *(Driving Modes)*
***Human driver* monitors the driving environment**						
0	No Automation	the full-time performance by the *human driver* of all aspects of the *dynamic driving task*, even when enhanced by warning or intervention systems	Human driver	Human driver	Human driver	n/a
1	Driver Assistance	the *driving mode*-specific execution by a driver assistance system of either steering or acceleration/deceleration using information about the driving environment and with the expectation that the *human driver* perform all remaining aspects of the *dynamic driving task*	Human driver and system	Human driver	Human driver	Some driving modes
2	Partial Automation	the *driving mode*-specific execution by one or more driver assistance systems of both steering and acceleration/ deceleration using information about the driving environment and with the expectation that the *human driver* perform all remaining aspects of the *dynamic driving task*	**System**	Human driver	Human driver	Some driving modes
***Automated driving system* ("system") monitors the driving environment**						
3	Conditional Automation	the *driving mode*-specific performance by an *automated driving system* of all aspects of the dynamic driving task with the expectation that the *human driver* will respond appropriately to a *request to intervene*	System	**System**	Human driver	Some driving modes
4	High Automation	the *driving mode*-specific performance by an automated driving system of all aspects of the *dynamic driving task*, even if a *human driver* does not respond appropriately to a *request to intervene*	System	System	**System**	Some driving modes
5	Full Automation	the full-time performance by an *automated driving system* of all aspects of the *dynamic driving task* under all roadway and environmental conditions that can be managed by a *human driver*	System	System	System	**All driving modes**

Abb. 6.67: Stufen des autonomen Fahrens nach SAE [49]

Die fehlende Datengrundlage in der Literatur und in der Praxis zur Auswirkung des steigenden Automatisierungsgrads des Fahrens auf das Verzögerungsverhalten der Fahrzeuge erschwert die Aussage bezüglich der Rückwirkungen auf die Radbremsen. Zur Annäherung an die Auswirkungen des autonomen Fahrens auf die Auslegung von Radbremsen sollen im Folgenden zunächst die derzeit wichtigsten Fahrerassistenzsysteme berücksichtigt werden.

Bereits 1978 wurde mit der Einführung des ABS als erstes Fahrerassistenzsystem in einem Serien-PKW der Grundstein für die Entwicklung weiterer Systeme gelegt, die Voraussetzung für das autonome Fahren sind. Mit der Entwicklung der Vielzahl von Assistenzsystemen wurde Level 2 und teilweise Level 3 des autonomen Fahrens erreicht, infolgedessen sich die Zahl der Verkehrstoten bereits drastisch reduziert hatte, trotz des starken Anstiegs der zugelassenen Fahrzeuge in Deutschland, wie aus Abb. 6.68 hervorgeht.

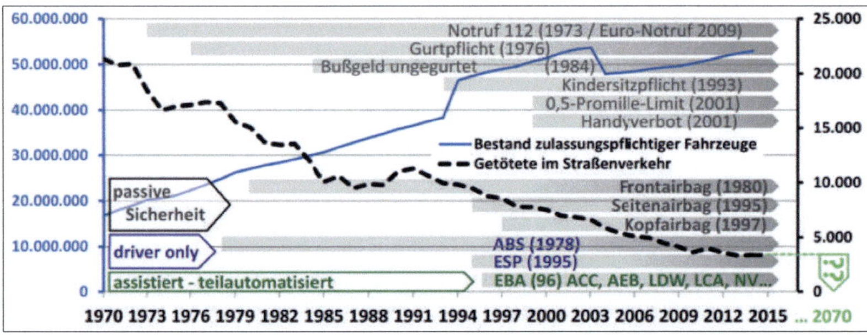

Abb. 6.68: Rückgang der Verkehrstoten durch sicherheitserhöhende Maßnahmen trotz Zunahme der Anzahl zugelassener Fahrzeuge in Deutschland [48]

In Abb. 6.69 sind die Geschwindigkeits- und Verzögerungsbereiche der Assistenzsysteme zusammen mit den Verzögerungen und Geschwindigkeiten im Alltagsbetrieb dargestellt. Es wird ersichtlich, dass sich der abgedeckte Bereich der Geschwindigkeiten und Verzögerungen mit jeder Entwicklungsstufe der Systeme immer weiter von den Bremsanforderungen des Alltagsbetriebs über hohe Belastungen, wie den leistungsorientierten Fahrmanövern, erstreckt. Ebenfalls in die Darstellung integriert ist die rekuperative Verzögerung a_{Rekup} des elektrischen Antriebsstrangs, die den Großteil der Bremsevents des kundennahen Betriebs und der Fahrzyklen abdeckt. Diese Abbildung lässt die Schlussfolgerung zu, dass mit den heutigen Assistenzsystemen zumindest die unterhalb der jeweiligen Linie der rekuperativen Verzögerung liegenden Bremsevents über den elektrischen Antriebsstrang abgedeckt werden können. Hinzu kommt, dass mit Rückblick auf Abb. 6.56 diese die häufigsten vorkommenden Bremsungen im Alltag sind. Bei leistungsfähigeren Fahrzeugen wie dem

Tesla Model S ergibt sich ein noch größerer Bereich, in dem die rekuperative Verzögerung eingesetzt werden kann. Allerdings verschiebt sich hier auf Grund der höheren Höchstgeschwindigkeit auch das Bremsevent „Bremsleistungs-Test“ hin zu höheren Geschwindigkeiten.

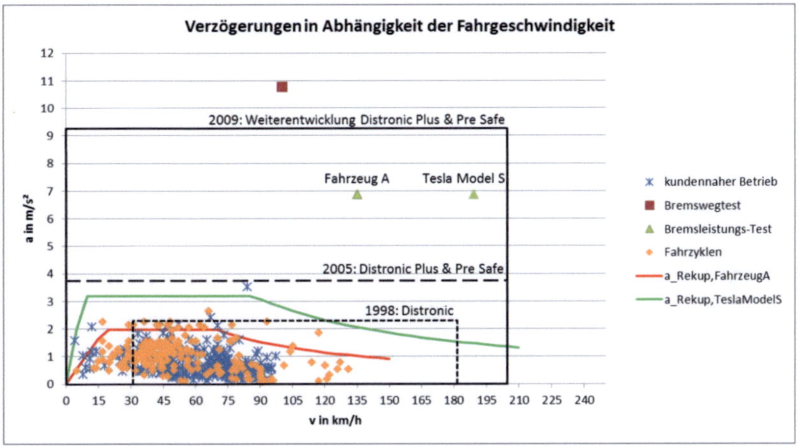

Abb. 6.69: Verzögerungen in Abhängigkeit der Fahrgeschwindigkeit und Assistenzsysteme

Geht man vor dem Hintergrund des autonomen beziehungsweise pilotierten Fahrens davon aus, dass sich durch weitere präventive Bremsfunktionen die Höhe und Anzahl der Verzögerungen reduziert [48], dann lässt sich die Rekuperationsfunktion des elektrischen Antriebsstrangs noch effizienter nutzen. [48] bestärkt diese Annahme, da begründet wird, dass sich autonome Fahrzeuge primär vorsichtiger verhalten werden als menschliche Autofahrer. Auf der anderen Seite können sie schneller reagieren, sodass die Reaktionszeit (Schrecksekunde) weitestgehend entfällt und sich dabei weiter an den physikalischen Grenzen der Längs- und Querbeschleunigung bewegen als es der Mensch kann. Weiter positiv auf die Entlastung der Radbremsen wird sich auswirken, dass, wie in Abb. 2.8 prognostiziert, auch die gravimetrische Energiedichte der Traktionsbatterien und die generatorischen Verzögerungen des Antriebsstrangs weiter zunehmen werden. Mit dem steigenden Automatisierungsgrad wird erwartet, dass sich Notbremsungen, d. h. hohe Verzögerungen und Bremsleistungen infolge Unachtsamkeit des Fahrers weiter reduzieren und in speziellen

Bremswegtests, die die heutige Dimensionierung der Radbremsen maßgeblich bestimmen, keine Bedeutung mehr haben werden. Allerdings sind die Rückwirkungen auf andere Verkehrsteilnehmer und klassische Fahrzeuge, deren Automatisierungsgrad nicht so weit fortgeschritten ist, weitgehend unerforscht.

7 Rückwirkungen der Rekuperation auf das Verschleißverhalten der Radbremsen

In diesem Kapitel werden die Auswirkungen der Rekuperation auf den Bremsenverschleiß in Prüfstands- und Fahrversuchen untersucht, wie Abb. 7.1 zu entnehmen ist. Die Erkenntnisse sollen wiederum bei der in Kapitel 8 diskutierten Neuorientierung bei der Konzeption und Auslegung von Radbremsen von PKW mit elektrischem Antriebsstrang berücksichtigt werden und insbesondere die **Hypothese VIII** aufgreifen.

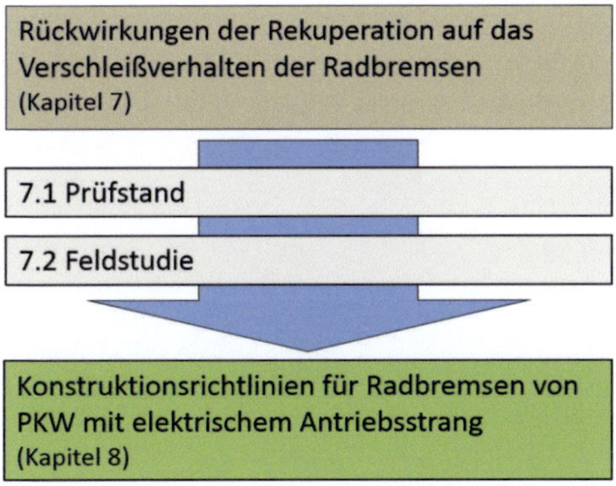

Abb. 7.1: Übersicht von Kapitel 7

Die Bremsscheiben und –beläge zählen zu den Verschleißteilen am Fahrzeug und müssen in Abhängigkeit vom Fahrstil des Fahrers und der Umweltbedingungen, z.B. Verschmutzung und Korrosion, in regelmäßigen Abständen erneuert werden. Die Folge des Verschleißens der Radbremsen sind Partikelemissionen, die durch tribologische Wirkmechanismen zwischen den Bremsbelägen und –scheiben erzeugt werden. Zunächst wird bei verschlissenen Radbremskomponenten die Materialdifferenz zum Neuzustand in die Umwelt emittiert oder lagert sich an den Rädern ab, wobei die genaue Untersuchung der Partikelgrößenverteilung derzeit noch Gegenstand von Forschungsarbeiten ist. Generell gilt es aber primär, die Entstehung des Bremsstaubs zu vermeiden, beispielsweise durch die Reduktion des Einsatzes der Reibbremsen, um nicht nur dem optischen Anspruch, sondern auch der

Reduktion der Feinstaubemission gerecht zu werden. Diese Möglichkeit bieten Elektrofahrzeuge, bei denen zusätzlich zur konventionellen Radbremse das elektrisch generierte Bremsmoment des Antriebsstrangs genutzt werden kann.

Es sind zwei Fragestellungen bezüglich den Auswirkungen der Rekuperation auf das Verschleißverhalten zu beantworten:

1. Erhöht sich, auf Grund der Entlastung durch den elektrischen Antriebsstrang, die Lebensdauer von Bremsscheiben und -belägen und werden folglich weniger Verschleißpartikel emittiert?

2. Lassen sich, bei entsprechend reduzierter Dimensionierung der Bremsscheiben und -beläge, die derzeitigen Lebensdauern beibehalten, dafür aber die Radbremse leichter und kompakter gestalten?

7.1 Prüfstand

Am Schwungmassenprüfstand soll unter reproduzierbaren Bedingungen der Einfluss einzelner Fahrzyklen, mit und ohne Rekuperation, auf den Bremsenverschleiß untersucht werden. Bei den Versuchen wurde ein Prüfprogramm blockweise in Stadt-, Landstraßen- und Hochgeschwindigkeitszyklen aufgeteilt. Beim eingesetzten Prüfling handelt es sich um einen Einkolbenfaustsattel mit einer belüfteten Bremsscheibe 288x25 mm und NAO-Bremsbelägen. Anhand von bekannten Fahrprofilen eines Elektrofahrzeugs wurden die Geschwindigkeiten und Verzögerungen sowie die Ausgangstemperaturen der Radbremse abgeleitet. Die Höchstgeschwindigkeit orientiert sich am Mittelwert der derzeitigen ZEV aus der Kompaktklasse. Das Prüfprogramm simuliert eine Laufleistung von zirka 5000 km im Alltagsbetrieb. Zwischen den einzelnen Testteilen wurden Regenerationsbremsungen eingefügt, wie sie in der Bremsenentwicklung geläufig sind, um vergleichbare Ausgangsbedingungen vor jedem Testteil herzustellen.

II.)	**MIT** Rekuperation (berücksichtigt Verzögerung der E-Maschine durch **Änderung des Bremsdrucks**, entsprechend jeweiligen Ausgangsgeschwindigkeit **UND reduziertem Energieeintrag**)						Energiebilanz je Radbremse			
Teil	Programmname	Anzahl Bremsungen i	Ausgangs-geschwindigkeit [km/h]	End-geschwindigkeit [km/h]	Ausgangs-temperatur TA [°C]	a_Soll [m/s²]	E_Brems [Wh]	E_Rekup [Wh]	Rekuperations-anteil [%]	E_Reib [Wh]
1	Einlauf	100	50	0	100	2,45	21	10	47	11
	Regeneration	20	100	50	100	2,45	63	39	62	24
2	Stadt 1	1000	50	0	150	2,45	21	10	47	11
	Regeneration	20	100	50	100	2,45	63	39	62	24
3	Landstraße 1	600	80	0	150	3,43	54	18	33	36
	Regeneration	20	100	50	100	2,45	63	39	62	24
4	Stadt 2	1000	50	0	150	2,45	21	10	47	11
	Regeneration	20	100	50	100	2,45	63	39	62	24
5	Hochgeschwindigkeit	100	135	80	200	4,91	99	36	36	64
	Regeneration	20	100	50	100	2,45	63	39	62	24
6	Landstraße 2	600	100	0	150	3,92	84	25	29	59
	Regeneration	20	100	50	100	2,45	63	39	62	24
7	Stadt 3	1000	50	0	150	2,45	21	10	47	11
	Regeneration	20	100	50	100	2,45	63	39	62	24
		4540								

Abb. 7.2: Prüfprogramm für die Untersuchungen zum Bremsenverschleiß, mit Rekuperation

Obiger Abb. 7.2 sind die Kenndaten der verschiedenen Programmteile zu entnehmen, die der Verschleißermittlung am Prüfstand zu Grunde gelegt wurden. Um die Auswirkungen der Rekuperation auf den Verschleiß bestimmen zu können, wurde das Prüfprogramm sowohl mit, als auch ohne Berücksichtigung der Rekuperationsleistung absolviert. Vortests haben auf einen Einfluss des Bremsdrucks auf den Bremsenverschleiß hingewiesen, wie Abb. 7.3 zeigt. Dabei wurden jeweils 100 abfolgende Standardbremsungen von 70 auf 0 km/h mit einer Bremsscheibenstarttemperatur von 100°C für konstante Bremsdrücke von 10 bis 50 bar durchgeführt. Der Verschleiß wurde an dem fingerseitigen (äußeren) und kolbenseitigen (inneren) Bremsbelag anhand von geometrischen und gravimetrischen Messgrößen quantifiziert.

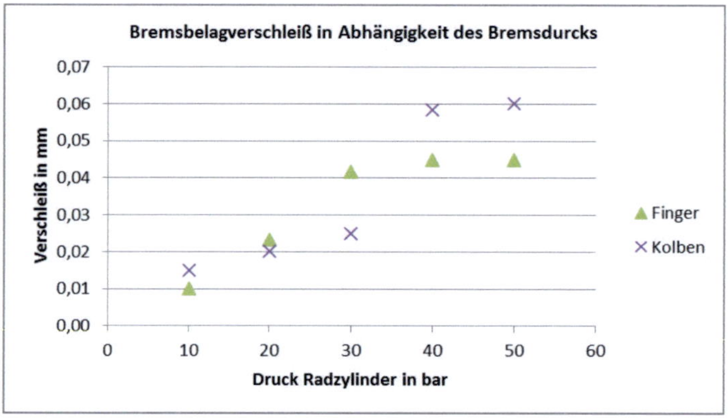

Abb. 7.3: Spezifischer Bremsbelagverschleiß in Abhängigkeit des Bremsdrucks

Auf Grund der generellen Einflussnahme des Bremsdrucks auf den Bremsenverschleiß wurde die Momentenverblendung während der Bremsung durch eine Druckmodulation berücksichtigt, analog der Regelung im Fahrzeug. Der reduzierte Energieeintrag durch die Rekuperation wurde durch die Anpassung der Schwungmasse während der Bremsung realisiert. Abb. 12.11 zeigt exemplarisch die notwendige Schwungmasse zur Erreichung einer konstanten Verzögerung von 2,45 m/s² aus 150 km/h in den Stillstand bei einer Rekuperationsleistung von 30 kW (Schwungmasse J = 75 kgm² ohne Rekuperation).

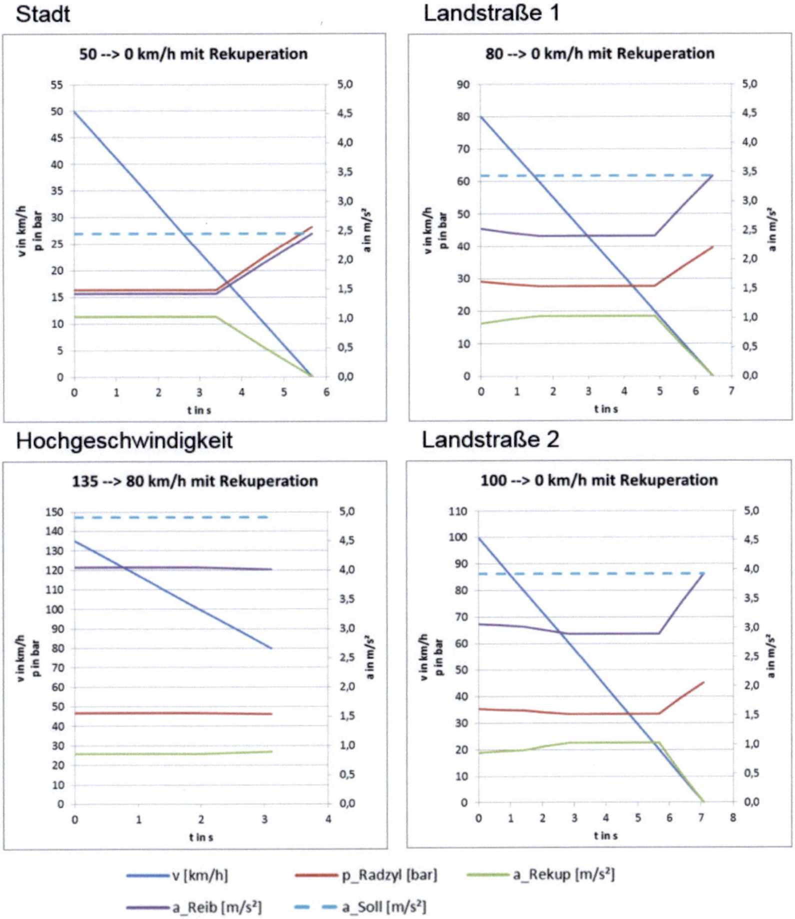

Abb. 7.4: Theoretische Darstellung der Einzelbremsungen im Prüfstandsprogramm

Die vorgegebenen konstanten Verzögerungen a_{soll} (blau gestrichelte Linie) der einzelnen Zyklen führen zu Beginn einer Bremsung zu den in Abb. 7.4 dargestellten theoretischen Bremsdruckverläufen p_{Radzyl}, die vom Prüfstand angesteuert werden müssen. Wird entsprechend Abb. 6.12 ab einer bestimmten Zeit während der Bremsung die spezifische Geschwindigkeit v_{grenz} unterschritten (hier v_{grenz} = 20 km/h), dann reduziert sich die rekuperative Verzögerung a_{Rekup} (grüne Linie). Der reduzierte Energieeintrag durch die Rekuperation im Vergleich zu einer konventionellen, reinen Reibbremsung wurde durch die Reduktion des Bremsmoments M_{Brems} während der Bremsung berücksichtigt. Um den Wert der vorgegebenen Verzögerung beizubehalten, muss der hydraulische Druck p_{Radzyl} durch den Schwungmassenprüfstand erhöht werden, um den Verzögerungsanteil a_{Reib} (lila Linie) der Reibbremse zu erhöhen. In Abhängigkeit der stetigen Geschwindigkeitsabnahmen (blaue Linie) der einzelnen Fahrzyklen Stadt, Landstraße und Hochgeschwindigkeit, ergeben sich die jeweiligen Druckverläufe, um das Blending zwischen Reibbremse und rekuperativer Bremse am Prüfstand realitätsnah zu simulieren. Bremsvorgänge in den Stillstand, beispielsweise bei den Stadtbremsungen, bringen gegen Ende der Bremsung die Bremsdrucksteigerung, wie oben beschrieben, mit sich, wohingegen bei Anpassungsbremsungen (Hochgeschwindigkeit) der Bremsdruck annähernd konstant bleibt. Bei Geschwindigkeiten größer 65 km/h ist in diesem Beispiel die abgeschwächte rekuperative Verzögerung ebenfalls durch ein erhöhtes Reibbremsmoment auszugleichen.

Die Abb. 7.5 stellt den mittleren Verschleiß der eingesetzten NAO-Bremsbeläge je Bremsung dar. Unter der Annahme, dass durch die Rekuperation die Betriebstemperaturen der Radbremsen geringer sind, wurde die Bremsbelagqualität nach den Kriterien eines gleichmäßigen Reibwertes speziell bei niedrigeren Temperaturen ausgewählt, um im Falle eines ESP-Eingriffs das bereitzustellende Moment exakter berechnen zu können. In der Abbildung werden die Programmteile ohne und mit Berücksichtigung der Rekuperation gegenübergestellt. Der Bremsbelagverschleiß je Bremsung korreliert erwartungsgemäß mit dem Energieeintrag, wobei speziell bei den sich regelmäßig wiederholenden Stadt-Zyklen Einlaufeffekte sichtbar werden. So zeigt die dritte Wiederholung „Stadt 3“ bei gleichem Energieeintrag wie in „Stadt 1“ und „Stadt 2“ den geringsten Verschleiß. Der höchste absolute Verschleiß ergibt sich bei einer Hochgeschwindigkeitsbremsung, welche aber im Alltagsbetrieb selten auftritt.

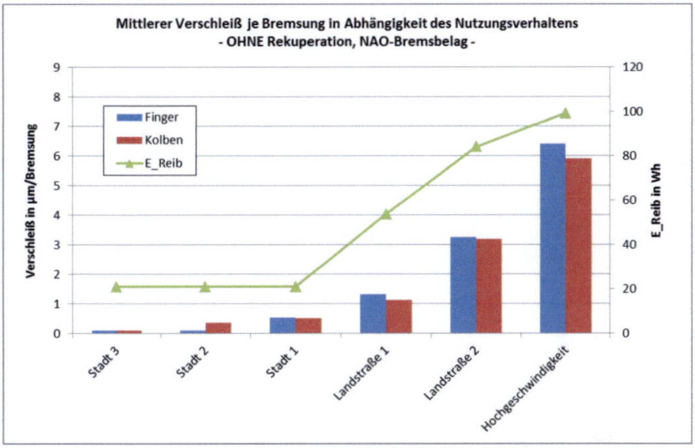

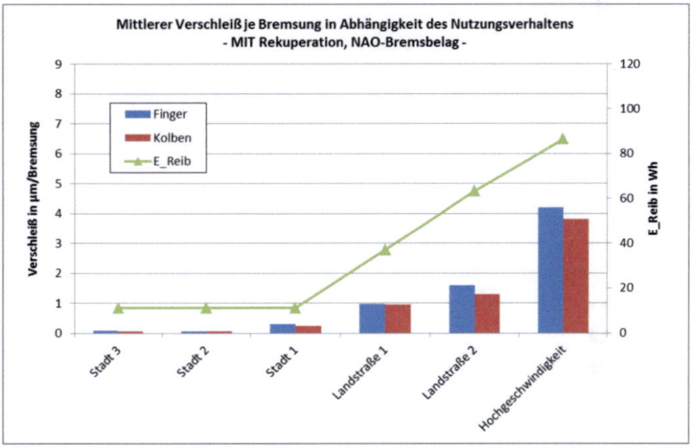

Abb. 7.5: Ergebnisse, Bremsbelag-Verschleiß je Bremsung, ohne (oben) und mit Rekuperation (unten), NAO

Die prozentuale Reduktion des Bremsbelagverschleißes, unter Berücksichtigung der Rekuperation des elektrischen Antriebsstrangs, ist Abb. 7.6 zu entnehmen. Auf Grund des thematisierten Einlaufeffekts fällt das Verschleißreduktionspotential mit ansteigender Wiederholung des Stadtzyklus geringer aus, trotz des immer identischen Rekuperationsenergieanteils von 47 %. Das Reduktionspotential beim Teil „Landstraße 2" fällt unerwartet hoch aus. Möglicherweise liegt dieses Verhalten am Testteil „Hochgeschwindigkeit", der jeweils zuvor durchlaufen wurde und beim Durchgang ohne Rekuperation gerade die Bremsbelagtemperaturen erzielt hat, die bei „Landstraße 2“ zu erhöhtem Verschleiß führen. Wohingegen beim Durchgang mit Rekuperation bei den Hochgeschwindigkeitsbremsungen geringere Temperaturen auftreten, die sich stark auf eine Reduktion des Verschleißes in „Landstraße 2“ auswirken.

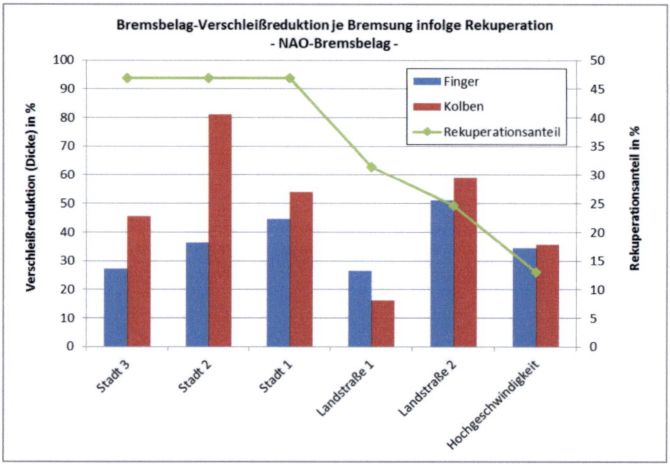

Abb. 7.6: Bremsbelag-Verschleißreduktion je Bremsung infolge der Rekuperation

Folglich ist eine Reduktion der Bremsbelagstärke an der Rekuperationsachse auf 50 % der derzeitigen Dicken für Fahrzeuge mit vorwiegender Stadtnutzung, bei Erreichung der gleichen Lebensdauer, umsetzbar. Auch im außerstädtischen Bereich würde die Rekuperation noch eine merkliche Reduktion des Bremsenverschleißes bewirken. Falls das Fahrzeug mit dieser Auslegung allerdings vermehrt im Hochgeschwindigkeitsbereich verzögert würde, wäre jedoch mit einem beschleunigten Verschleiß zu rechnen. Aus diesem Grund ist eine Reduktion der Bremsbeläge bei Fahrzeugen, deren Auslegung stärker in Richtung Autobahn orientiert ist, auf etwa 70 % der derzeitigen Dicken zu empfehlen. Wird vom minimalen Reduktionspotenzial der durchlaufenen Zyklen ausgegangen, ergibt sich eine Verringerung der Bremsbelagstärke um immerhin 20 %.

Wird die derzeitige Dimensionierung beibehalten, kann man aber auch feststellen, dass beim gleichen Fahrzyklus ein Fahrzeug mit Rekuperation im Gegensatz zu einem Fahrzeug ohne Rekuperation weniger Bremsenverschleiß generiert (vgl. **Hypothese VIII**). Wie die Auswirkung auf die Größenverteilung der Bremsstaubpartikel ist, müsste für diese Bremsbelagqualität experimentell bestimmt werden. Der Effekt der Rekuperation auf den reduzierten Bremsbelagverschleiß ist jedoch besonders bei den Stadtbremsungen effektiv und eine wirkungsvolle Methode einen möglichen Beitrag zur Feinstaubreduktion in Ballungszentren zu leisten.

7.2 Feldstudie

Im Rahmen einer Feldstudie wurde der Bremsenverschleiß von ZEV (hier ein HEV = Hybrid Electric Vehicle bzw. FCEV = Fuel Cell Electric Vehicle) und konventionellen Fahrzeugen gemessen. Bei den Fahrzeugen handelt es sich um die gleiche Baureihe, von der die beiden Antriebskonzepte existieren. Die Fahrzeuge waren während der Feldstudie in Kundenhand und wurden dementsprechend einem gemischten Fahrprofil unterzogen.

Anhand von Tab. 7.1 können die spezifischen Kenngrößen der beiden Fahrzeuge erläutert werden und der Bezug auf das Verschleißverhalten in Abb. 7.7 lässt sich herstellen. Es wurde zur besseren Vergleichbarkeit das Verschleißvolumen berechnet, da sich die Radbremsendimensionen und damit die an der Bremsung beteiligten Belagflächen an der Hinterachse unterscheiden. Ebenso wurde der Hinterachsbremskraftanteil Φ berücksichtigt und durch die Referenzierung auf die jeweilige Fahrzeugmasse normiert, womit sich zur Quantifizierung des Verschleißes die Einheit mm^3/g ergibt.

Tab. 7.1: Vergleich der Kenndaten und des Bremsbelagverschleißes der Feldstudie zum Einfluss der Rekuperation

	ZEV (HEV)	konventionell
m_{Fzg} in kg (fahrfertig)	1809	1470
Φ	0,26	0,18
Radbremse VA/HA	288x25 / 278x9 ECE-Bremsbeläge	288x25 / 258x9 ECE-Bremsbeläge
E_{kin} in kJ (bei 100km/h)	698 517/181 (VA/HA)	567 465/102 (VA/HA)
$\frac{E_{kin,konv,HA}}{E_{kin,ZEV,HA}}$	0,56	
$\frac{Verschleiß_{konv,Belag,HA}}{Verschleiß_{ZEV,Belag,HA}}$	0,56	
$\frac{E_{kin,konv,VA}}{E_{kin,ZEV,VA}}$	0,90	
$\frac{Verschleiß_{konv,Belag,VA}}{Verschleiß_{ZEV,Belag,VA}}$	2,05	

Wird zunächst die Energiebilanz an der Hinterachse (HA) betrachtet, wird deutlich, dass auf Grund des geringeren Gewichts des konventionellen Fahrzeugs und des geringeren Hinterachsanteils Φ, nur 56% der kinetischen Energie beziehungsweise Bremsenergie umgesetzt wird im Vergleich zum ZEV. Genauso verhält sich der Bremsbelagverschleiß an der Hinterachse, d. h. der Verschleiß liegt beim konventionellen Fahrzeug nur bei 56% des Verschleißes des ZEV. An der Vorderachse findet beim Bremsen des ZEV ebenfalls mehr Energieeintrag in die Radbremsen statt, jedoch ist hier der Bremsbelagverschleiß nur halb so groß wie beim konventionellen PKW und es wird der Einfluss der Rekuperation an der Rekuperationsachse deutlich.

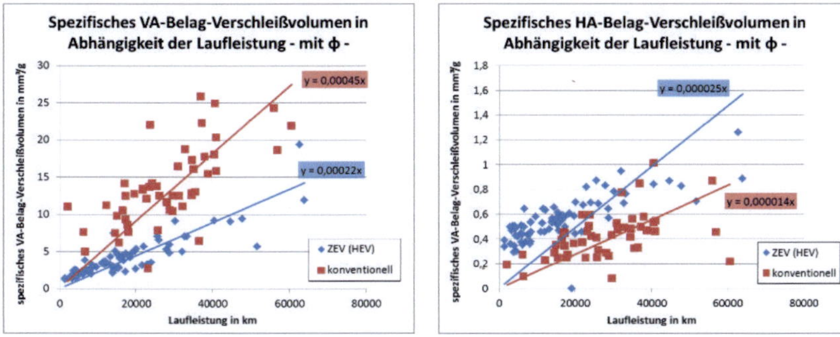

Abb. 7.7: Spezifisches Bremsbelagverschleißvolumen konventioneller PKW und ZEV

Die ähnliche Größenordnung und das gleiche Verschleißverhalten wie bei den Bremsbelägen wird bei der Analyse der Bremsscheibenverschleißmessungen in Abb. 7.8 sichtbar.

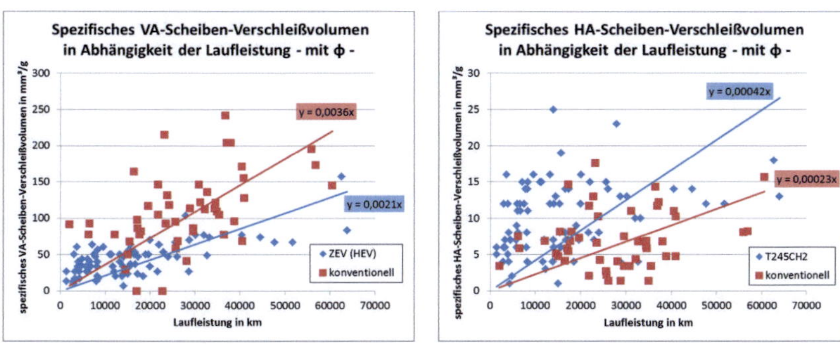

Abb. 7.8: Spezifisches Bremsbelagverschleißvolumen konventioneller PKW und ZEV

Als Fazit für die Bremsenauslegung kann festgehalten werden, dass der grundlegende Einfluss der Rekuperation an der Rekuperationsachse, hinsichtlich des Bremsenverschleißverhaltens, auch im Fahrzeug während des Kundenbetriebs bestätigt werden konnte. Sowohl bei den Prüfstandsarbeiten als auch bei der Feldstudie wurde die gleiche Radbremse an der Rekuperationsachse eingesetzt. Basierend auf den Ergebnissen der Feldstudie, bei der gemischte Fahrprofile auftraten, ließe sich die Bremsbelagstärke an der Rekuperationsachse um 50 % reduzieren, was in der gleichen Größenordnung der

Prüfstandsergebnisse liegt. Damit wurde ein Teil der **Hypothese VIII** bestätigt.

8 Konstruktionsrichtlinien für Radbremsen von PKW mit elektrischem Antriebsstrang

In diesem Kapitel werden, unter Berücksichtigung der vorgestellten Ergebnisse zur Rückwirkung der Rekuperation auf die thermische Beanspruchung (Kapitel 6) und des Verschleißverhaltens der Radbremsen von ZEV (Kapitel 7), Dimensionierungsrichtlinien zur konstruktiven Neuorientierung der Radbremsen abgeleitet. Darüber hinaus werden zur umfassenden Betrachtung die in Abb. 8.1 dargestellten Einflussfaktoren berücksichtigt.

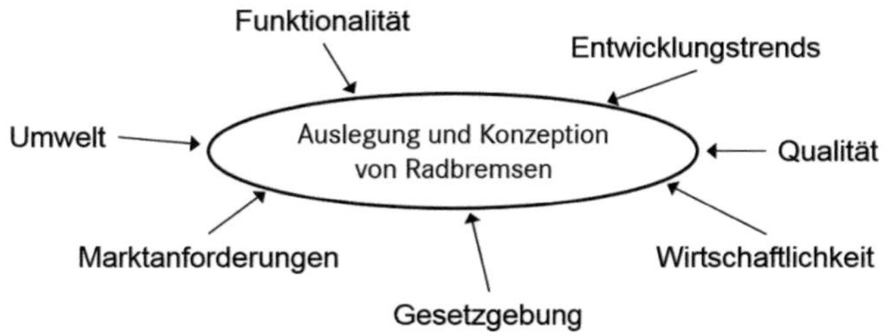

Abb. 8.1: Einflussfaktoren auf die konstruktive Neuorientierung bei Radbremsen für PKW mit elektrischem Antriebsstrang

8.1 Funktionalität

Bei der Funktionalität der Radbremsen von PKW mit elektrischem Antriebsstrang liegt der Fokus bei der Auslegung und Konzeption auf der thermischen Absicherung zur Gewährleistung einer reproduzierbaren, gleichbleibenden Leistungsfähigkeit der Bremsanlage. Dabei finden auch die umgesetzten Betriebsstrategien bezüglich deren Rückwirkung auf die Radbremsenauslegung Berücksichtigung.

Ausgehend von den Ergebnissen der Charakterisierung der thermischen Beanspruchung der Radbremsen in Kapitel 6 werden Methoden zu deren Auslegung und Konzeption abgeleitet.

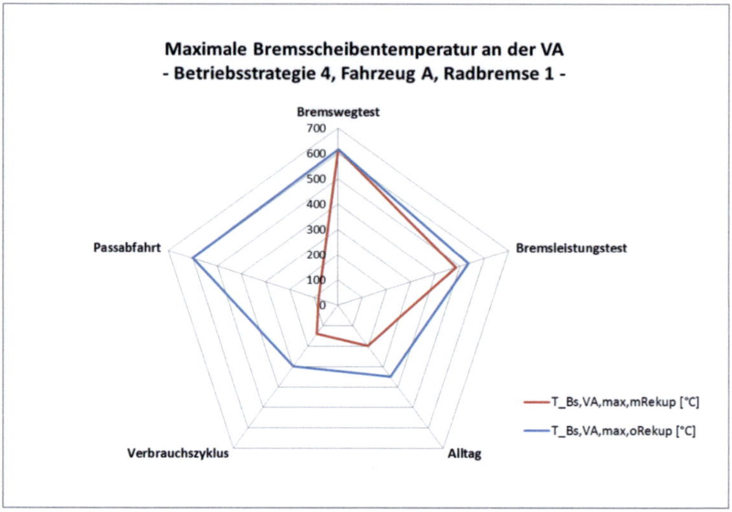

Abb. 8.2: Bremsentemperaturen in Abhängigkeit des Testzyklus, Fahrzeug A, Radbremse 1 (288x25 mm, belüftet)

Für das Fahrzeug A lassen sich exemplarisch die maximalen Bremsentemperaturen je nach Testprozedur der Abb. 8.2 entnehmen. Es wird ersichtlich, dass ohne Rekuperation (blaue Linie) die Leistungstests (Bremsweg- und Bremsleistungstest) die höchsten thermischen Beanspruchungen darstellen, wohingegen die Temperaturen im Alltag beziehungsweise in den Verbrauchszyklen deutlich geringer sind und bestätigt durch die Visualisierung die **Hypothese VI**. Wird das Rekuperationsvermögen des elektrischen Antriebsstrangs berücksichtigt (rote Linie), wird ersichtlich, dass dieses nicht in jedem Testzyklus eine signifikante Entlastung der Radbremsen bewirkt, wohl aber bei der kundenrelevanten Passabfahrt, dem Alltagsbetrieb und den Verbrauchszyklen die größte Wirkung zeigt. Im Alltag ist somit die Rekuperation eine wirkungsvolle Eigenschaft des Elektrofahrzeugs, um die Radbremsentemperaturen zu reduzieren oder die Radbremsen als solche kleiner zu dimensionieren.

Tab. 8.1: Einfluss der Kenngrößen des elektrischen Antriebsstrangs auf die Bremsentemperaturen

Testzyklus	Einfluss der		
	Rekuperationsleistung	Antriebsleistung	Betriebsstrategie
Bremswegtest	gering	hoch	gering
Bremsleistungstest	gering –mittel	mittel	gering –mittel
Alltag/Kunde	hoch	gering	hoch
Verbrauchszyklus	hoch	gering	hoch
Passabfahrt	hoch	gering	hoch

Der Einfluss der Antriebsleistung und der Betriebsstrategie auf die Bremsentemperaturen in den einzelnen Testzyklen wird anhand von Tab. 8.1 zusammenfassend bewertet. Während die Reduktion der Antriebsleistung (Derating) in den Leistungstests das Abkühlverhalten der Radbremsen positiv beeinflussen kann, ist die Bedeutung der Rekuperationsleistung als gering bis mittel einzustufen. Demgegenüber spielt die Antriebsleistung hinsichtlich der Bremsentemperaturen im Alltagsbetrieb, d. h. bei den Verbrauchszyklen, dem Kundenbetrieb und der Passabfahrt, eine untergeordnete Rolle. Hier ist jedoch die Rückwirkung der gewählten Betriebsstrategie in hohem Maße relevant. Am effektivsten hat sich die Betriebsstrategie 4 mit einem hohen Schleppmoment bereits bei der Entlastung des Gaspedals herausgestellt. Bei der Wahl der Betriebsstrategie und des Motorschleppmoments sind allerdings auch die grundlegenden Eigenschaften wie das Pedalgefühl und die Dosierbarkeit hinsichtlich der Kundenakzeptanz auslegungsentscheidend und sollten bei der Beantwortung der **Hypothese IV** berücksichtigt werden.

Die generellen Einflüsse der Batteriekenngrößen auf die Bremsentemperaturen sind in Tab. 8.2 zusammengefasst. Der stärkste Einflussfaktor neben der Laderate ist, durch die Auswirkungen auf die Antriebs- und Rekuperationsleistung, die Batterietemperatur. Idealerweise wird die Batterie durch ein TMS (Temperature Management System) temperiert, das der Batterielebensdauer zugutekommt und maximale Rekuperationsleistungen ermöglicht.

Tab. 8.2: Einfluss der Batteriekenngrößen auf die Bremsentemperaturen

Batteriekenngröße	Einfluss auf die Bremsentemperaturen		Bemerkung
SOC	schwach bis hoch	-2 K/10% (für SOC < 90%) +77 K/10% (für SOC > 90%)	SOC-Nutzungsfenster könnte konfiguriert werden (Abb. 6.4)
C-Rate,laden	hoch	-39 K/C-Rate (5 Bremsungen) -46K/C-Rate (10 Bremsungen)	C-Rate = f(T_{Batt}, SOC) vs. Batterielebensdauer
T_{Batt}	hoch	-39 K/C-Rate (5 Bremsungen) -46K/C-Rate (10 Bremsungen)	T_{Batt} konstant bei Nutzung eines TMS

In der Praxis zeigte sich, dass beim Betrieb eines PKW mit elektrischem Antriebsstrang, besonders im Kundenzyklus, die Batteriekenngrößen nicht im Idealbereich liegen, sodass die meiste Zeit von einer verminderten Rekuperationsleistung ausgegangen werden muss (vgl. Abb. 6.59). Entsprechend ergeben sich korrigierte Rekuperationsleistungen, die bei 63 – 83 % der maximalen Rekuperationsleistung liegen (abgeleitet von Abb. 6.60 und Abb. 6.61). Auf dieser Basis kann die Auslegung der Radbremsen getroffen werden. Insbesondere in Bezug auf die Batterietemperatur, die die Rekuperationsleistung maßgeblich beeinflusst, ist die Datenlage der Verteilung während des Kundenbetriebs noch gering, sodass hier Anstrengungen zur Erhöhung der Datendichte zu fundierten Erkenntnissen über die optimale Auslegung und Konzeption der Radbremsen führen würden. Aber auch die Auswertung der Leistungsanforderungen an den elektrischen Antriebsstrang im Kundenbetrieb zeigt, dass auf der einen Seite die verfügbare Rekuperationsleistung in vollem Umfang und oft genutzt wird, auf der anderen Seite jedoch hohe Antriebsleistungen selten abgerufen werden, vgl. Abb. 6.61. Dieses Bild unterstreicht ebenfalls die Motivation zum Überdenken der Leistungstests in ihrer jetzigen Form mit den maximalen Beschleunigungen zwischen den Bremsungen und nimmt Bezug auf die **Hypothesen IV**, **VI** und **VII**.

8.2 Entwicklungstrends

Bei den Entwicklungstrends liegt der Fokus auf den Komponenten des elektrischen Antriebsstrangs und deren Rückwirkungen auf den Temperaturhaushalt der Radbremsen, damit zur **Hypothese V** Stellung genommen werden kann.. Deutliche Fortschritte sind in der Batterieentwicklung zu erwarten (Abb. 2.8), die wiederum sowohl durch steigende Rekuperationsleistungen als auch durch erhöhte gravimetrische Energiedichten auf die Reduktion der Betriebstemperaturen der Radbremsen einwirken können.

Durch eine Erhöhung der gravimetrischen Energiedichte kann zum einen bei gleicher Fahrzeugmasse der Energieinhalt der Traktionsbatterie gesteigert werden (Abb. 8.3) oder zum anderen bei gleichbleibender Energiemenge die Fahrzeugmasse reduziert werden (Abb. 8.4). Die Darstellungen wurden mit dem in [42] beschriebenen Tool erstellt. Voraussetzung bei den simulierten Bremswegtests war, dass der Elektromotor die entstehenden Rekuperationsleistungen darstellen konnte, d. h. nicht die leistungslimitierende Komponente war.

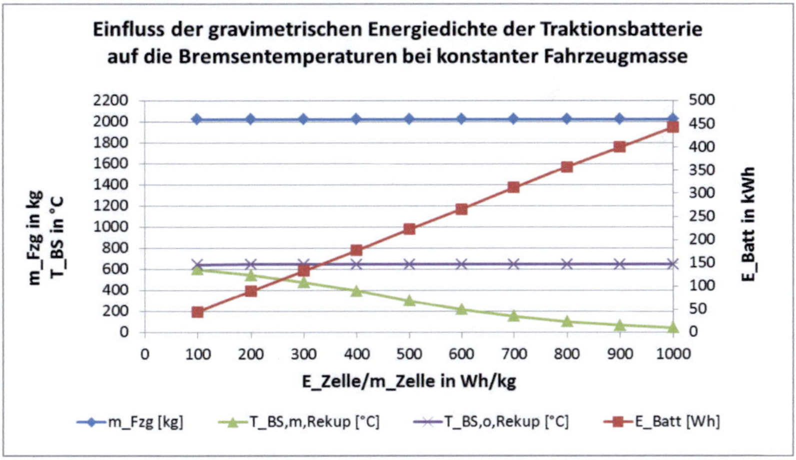

Abb. 8.3: Einfluss der gravimetrischen Energiedichte der Traktionsbatterie auf die Bremsentemperaturen im Bremswegtest bei konstanter Fahrzeugmasse

Beim Vergleich der beiden Abbildungen hinsichtlich der Auswirkungen auf die Bremsentemperaturen der Vorderachsen ist festzustellen, dass sich bei konstanter Fahrzeugmasse die resultierende Erhöhung der Energiemenge der Traktionsbatterie temperatursenkender auf die Radbremsen auswirkt (Abb. 8.3) als die Reduzierung der Fahrzeugmasse bei gleichbleibendem Energieinhalt der Batterie (Abb. 8.4).

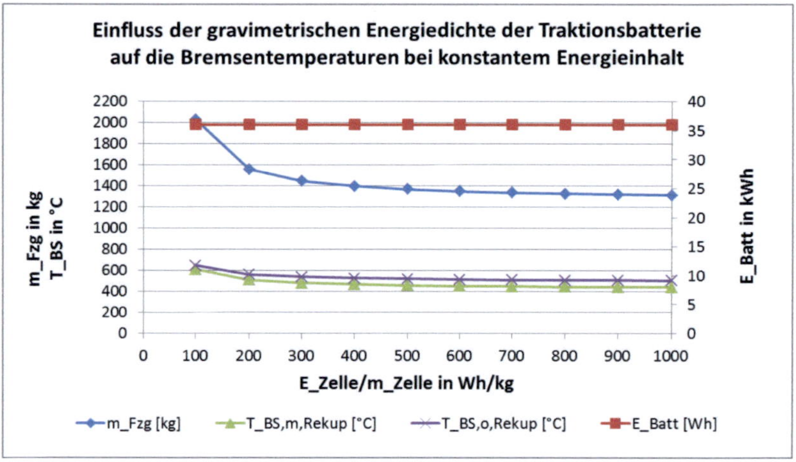

Abb. 8.4: Einfluss der gravimetrischen Energiedichte der Traktionsbatterie auf die Bremsentemperaturen im Bremswegtest bei konstantem Energieinhalt der Batterie

Auch die Verbesserung beziehungsweise Schaffung der Regelfähigkeit des generatorischen Bremsmoments durch den elektrischen Antriebsstrang während der Bremsungen hätte entlastende Effekte auf die Radbremsen. Denn drohen ein oder mehrere Räder während einer Verzögerung zu blockieren, muss das jeweilige am Rad anliegende Bremsmoment reduziert werden, bis das Rad beziehungsweise die Räder wieder frei rollen. Bei einem ZEV, dessen Elektromotor zentral eine oder mehrere Achsen antreibt, ist eine radindividuelle Ansteuerung nicht möglich mit der Folge, dass die Rekuperationsfunktion eingeschränkt, respektive komplett deaktiviert wird (Abb. 6.46). In dieser Phase kann keine Bremsenergie oder nur ein geringer Anteil zurückgewonnen werden, was die thermische Entlastung der Radbremsen beeinträchtigt. Die gleiche Problematik tritt bei Assistenzsystemen auf, die die Fahrstabilität des Fahrzeugs durch gezielte Bremseingriffe erhöhen.

Auch hier wird die Rekuperation deaktiviert, falls diese auf eine komplette Achse wirkt und die stabilisierenden Bremseingriffe werden durch die jeweiligen Radbremsen ausgeführt. Insofern bieten hier Antriebsstrangtopologien mit radnahen Antrieben oder Radnabenantrieben Vorteile, denn in der Regel sind die E-Maschinen in der Lage, das Bremsmoment in der geforderten, kurzen Zeit zu regulieren und einen ABS- oder ESP-Eingriff auszuführen.

Bezüglich der Erhöhung des Einsatzspektrums der Rekuperation auch unter Bedingungen, bei denen es die Kenngrößen der Traktionsbatterie nicht zulassen, wird aus Sicht der Auslegung der Radbremsen die Integration von weiteren Speichermöglichkeiten, beispielsweise Ultracaps, befürwortet.

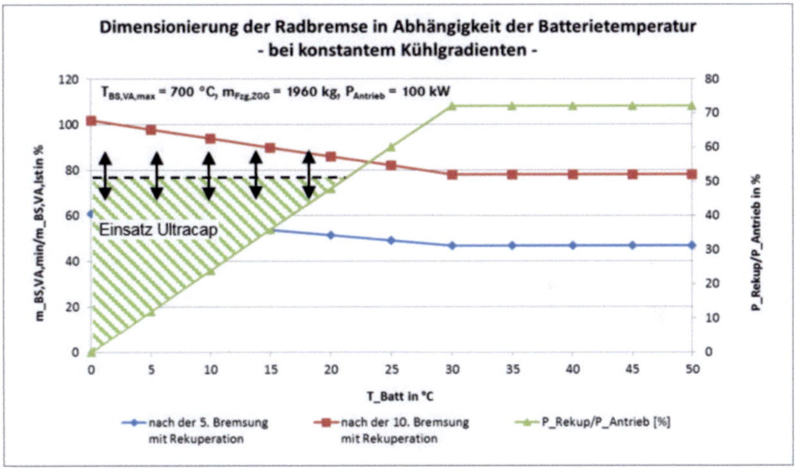

Abb. 8.5: Mögliches Einsatzfenster eines Ultracaps in Abhängigkeit der Batterietemperatur

Die obige Abb. 8.5 zeigt hierzu das mögliche Einsatzfenster eines Ultracaps, um die Einschränkungen der Rekuperationsleistung auf Grund der Batterietemperatur zu kompensieren (Basis ist Abb. 6.7). Analog ist der Einsatzbereich zum Ausgleich ungünstiger Ladezustände in Abb. 12.12 visualisiert. Die Argumentationen unterstützen die **Hypothese III**.

Durch die Weiterentwicklung der Assistenzsysteme bis hin zu den höchsten Stufen des automatisierten Fahrens (Abb. 6.67) ist eine zusätzliche Änderung des Belastungskollektivs der Radbremsen zu erwarten. Die erforderliche mittlere Bremsung zu einem vorausfahrenden Fahrzeug ist in Abb. 8.6 dargestellt. Je kleiner die Zeitlücke zur Anpassung der Geschwindigkeit des nachfolgenden Fahrzeugs, desto größer ist natürlich die erforderliche Bremsleistung des nachfolgenden Fahrzeugs. Dieser theoretischen Betrachtung ist zu Grunde gelegt, dass es sich ausschließlich um autonom fahrende Fahrzeuge handelt.

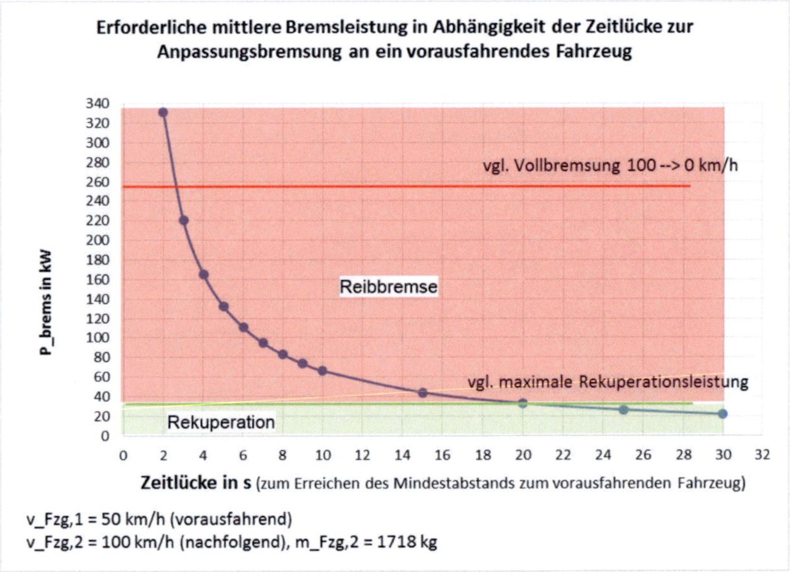

Abb. 8.6: Erforderliche mittlere Bremsleistung in Abhängigkeit der Zeitlücke zu einem vorausfahrenden Fahrzeug

Wird die Zeitlücke zu klein, übersteigen die Bremsleistungen die maximale Rekuperationsleistung des elektrischen Antriebsstrangs und es müssen die Reibbremsen aktiviert werden.

Die Erwartungshaltung auf Grund der vorausschauenden, eher defensiven, autonomen Fahrweise (ausreichend große Zeitlücke) ist, dass weniger starke Verzögerungen mit hohen Bremsleistungen auftreten und gleichzeitig die verbleibenden geringen Bremsleistungen durch die Einbeziehung der Rekuperation die Radbremsen stark entlasten, sodass sich die Schere zwischen den Anforderungen der heutigen Leistungstests und des Kundenfahrkollektivs an die Bremsen noch weiter öffnen wird.

8.3 Qualität und Umwelt

a) Bremsenverschleiß

Die Qualität einer Fahrzeugkomponente ist auch durch deren Lebensdauer und Wartungsfreundlichkeit gekennzeichnet. In Kapitel 7 wurden die Auswirkungen der Rekuperationsmöglichkeiten eines PKW mit elektrischem Antriebsstrang auf den Verschleiß der Radbremsen untersucht. Die Prüfstandstests zeigten in Abhängigkeit vom Fahrzyklus einen unterschiedlich stark ausgeprägten, theoretischen Einfluss, Tab. 8.3. Jedoch ist hier durch weiterführende Untersuchungen abzuklären, inwieweit die Reihenfolge der einzelnen Programmteile das Verschleißverhalten innerhalb des aktuellen und während des nachfolgenden Programmteils beeinflusst. Besonders der Einfluss auf die hohe Verschleißreduktion in den Stadtzyklen ist hervorzuheben.

Tab. 8.3: Einfluss der Rekuperation auf den Bremsenverschleiß basierend auf Prüfstandstests

Programmteil	Rekuperation	
	Anteil an Bremsenergie	Einfluss auf den Bremsenverschleiß
Stadt	hoch (47 %)	hoch (Mittelwert -65 %)
Landstraße 1	mittel (31 %)	mittel (Mittelwert -20 %)
Landstraße 2	mittel (25 %)	mittel (Mittelwert -40 %)
Hochgeschwindigkeit	gering (13 %)	mittel (Mittelwert -30 %)

Im Rahmen der Feldstudie, die ein gemischtes Fahrprofil der Realkunden repräsentiert, bestätigt sich die Wirkungsweise der Rekuperation auf die Reduktion des Bremsenverschleißes. Aus den Messwerten geht dementsprechend hervor, dass die Bremsbeläge der Rekuperationsachse auf 50 % der ursprünglichen Belagdicke des konventionellen Fahrzeugs reduziert werden können oder sich die Lebensdauer der Bremsbeläge beziehungsweise Wechselintervalle verdoppeln. Die reduzierte beziehungsweise halbierte Belagdicke wurde im Rahmen der experimentellen Methoden der alpinen Passabfahrt abgesichert und es zeichneten sich keine negativen Einflüsse beispielsweise auf die Belagtemperaturen oder ein ungünstigeres Aufheizverhalten der Bremsflüssigkeit (Abb. 6.22) ab. Die Dimensionierung der Bremsbelagdicke an der Achse ohne Rekuperation sollte beibehalten werden, da das Verschleißverhalten analog zur umzusetzenden Bremsenergie höher ausgeprägt ist als beim konventionell angetriebenen Fahrzeug. Diese Gesichtspunkte sollten bei der Beurteilung der **Hypothese VIII** berücksichtigt werden.

b) Bremsstaubemission

Einer der wesentlichen Gründe für ein ZEV ist die Reduktion der Umweltbelastungen beim Betrieb des Fahrzeugs. Besonders in urbanen Ballungszentren treten bei der Diskussion um die Feinstaubbelastung zunehmend, neben dem Verbrennungsmotor, weitere Komponenten des PKW in den Fokus der Betrachtungen [2], [3]. Der Reifenabrieb und der Bremsenverschleiß wurden als Feinstaubquelle identifiziert [50]. Die Rekuperationseigenschaft des elektrischen Antriebsstrangs kann, neben dem Einsatz einer beschichteten Bremsscheibe [51], theoretisch einen direkten Beitrag leisten, indem durch die Entlastung der Radbremsen die Feinstaubpartikelemissionen beim Bremsvorgang reduziert werden beziehungsweise die Größe der Partikel beeinflusst wird. Der Nachweis dazu soll in diesem Abschnitt erbracht werden. Allgemein befindet sich die wissenschaftliche Auseinandersetzung mit dem Partikelemissionsverhalten von Reibbremsen noch in einer frühen Phase. Zunächst jedoch kann die Rekuperation generell die Betriebsgrößen der Radbremsen wie folgt beeinflussen:

- Senkung der Betriebstemperaturen der Radbremsen durch die Reduktion des Energieumsatzes
- Reduktion des erforderlichen Bremsdrucks durch das zusätzlich wirkende rekuperative Bremsmoment

Die Bremsentemperaturen und Bremsdrücke sind Parameter, die die Partikelemission beeinflussen [52], [53]. In Abb. 8.7 gibt es erste Hinweise, dass es eine reibmaterialspezifische Bremsbelagtemperatur gibt, die den Peak der emittierten Partikelanzahl markiert (hier bei T = 330 °C).

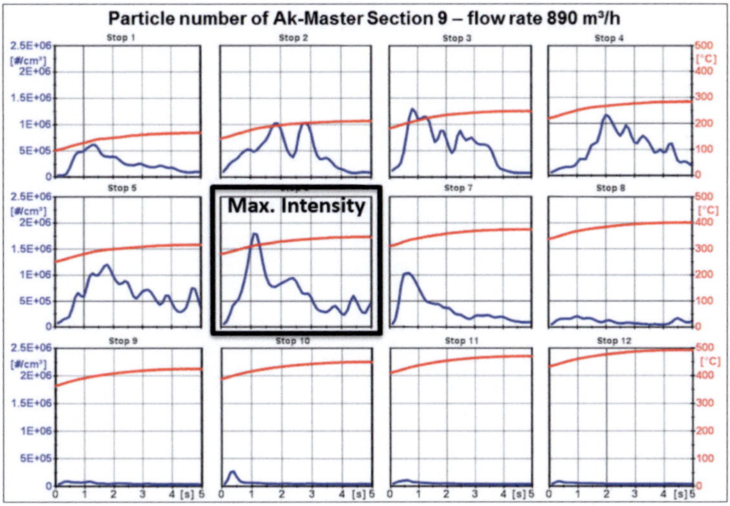

Abb. 8.7: Partikelanzahl im AK-Master [52]

Gleiches gilt für den Bremsdruck, bei dem ein spezifischer Wert vermutet wird, bei dem das Maximum der Partikelanzahl erreicht wird (hier bei p = 80 bar), Abb. 12.13 und Abb. 12.14. Der Großteil der Partikelgrößen liegt hier unter 30 nm.

Durch die Reduktion der Betriebstemperaturen der Radbremsen verändert sich auch das Verschleißverhalten. Entsprechend Abb. 8.8 werden mit steigender Anzahl der Stops bzw. steigenden Temperaturen vermehrt kleinere Partikel (< 30 nm) emittiert, die stärker gesundheitsgefährdend sind als größere. Zu erkennen ist dies bei den Stops 2 bis 7, bei denen Bremsentemperaturen von 200 °C bis 360 °C auftreten. Folglich lässt sich durch die Dimensionierung der Radbremsen und unter Zuhilfenahme der Rekuperation Einfluss auf die Größe der emittierten Partikel nehmen.

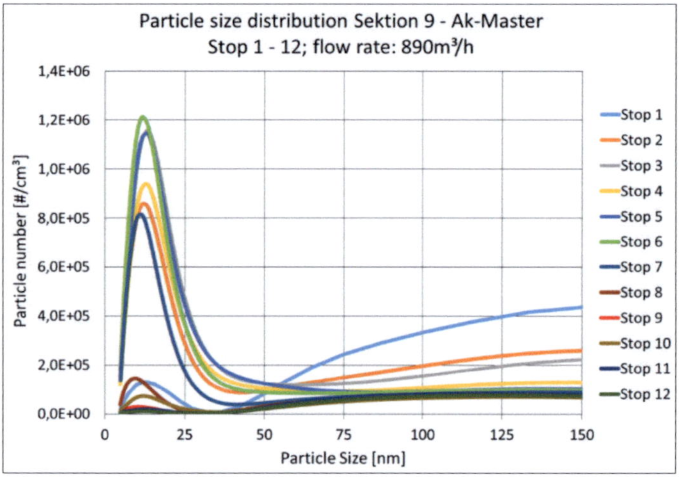

Abb. 8.8: Bremsstaubpartikel und Größenverteilung für steigende Temperaturen [52]

Im Kundenfahrzyklus mit niedrigen Bremsentemperaturen ist dementsprechend damit zu rechnen, dass die Radbremse tendenziell größere Partikel emittiert als in den Leistungstests. Durch die Funktion der Rekuperation können, wie auch in Kapitel 7 gezeigt, die Betriebstemperaturen der Radbremsen speziell im Stadtbetrieb reduziert und somit auch der Bremsenverschleiß vermindert werden. Dies würde der Entstehung kleinster Partikel entgegenwirken. Die gesammelten Erkenntnisse sind zur Bewertung von **Hypothese VIII** hinzuzufügen.

8.4 Wirtschaftlichkeit

Um die Wirtschaftlichkeit eines ZEV zu erhöhen und die Kosten zu senken, spielen auch modulare Bauweisen eine Rolle. Aus diesem Grund soll ein Baukastenprinzip, basierend auf bestehenden Bremsen, angewandt werden, das darüberhinaus die Bewertung von **Hypothese VII** ermöglichen soll. Zur Annäherung an eine Systematik wurde auf der Basis des auslegungskritischsten Leistungstests Abb. 8.9 erstellt. Dies können sowohl der Bremsweg- als auch der Bremsleistungstest sein. Unter der Annahme einer gleichbleibenden Kühlung der Radbremsen bei der Reduktion derer Massen ergeben sich für ein Fahrzeug mit einer bestimmten Antriebsleistung $P_{Antrieb}$ in Abhängigkeit der umgesetzten

Rekuperationsleistung P_{Rekup}, charakteristische Verläufe der benötigten Bremsscheibenmassen, falls am Ende des Tests maximale Bremsscheibentemperaturen von 700 °C zugelassen werden. Ebenfalls Voraussetzung ist, dass durch ein geeignetes rekuperatives Bremssystem die rekuperierbare Bremsenergie vollständig aufgenommen werden kann.

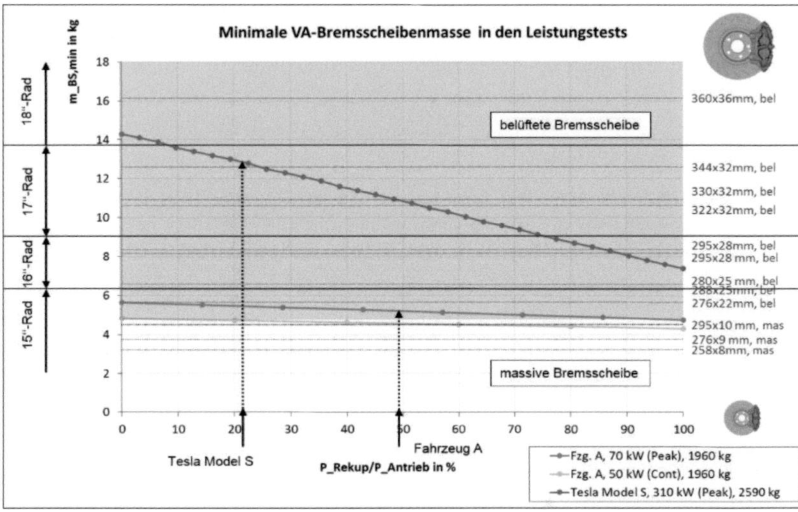

Abb. 8.9: Minimale erforderliche Masse einer VA-Bremsscheibe in den Leistungstests

Als Beispiel ist das Verhältnis von Rekuperations- zu Antriebsleistung für Fahrzeug A mit einem Pfeil markiert. Bei einer Rekuperationsleistung, die 50 % der Antriebsleistung entspricht, wird eine Bremsscheibenmasse von ca. 5,2 kg benötigt, sodass die Bremse von der Bremse „288x25mm, bel." auf eine „276x22mm, bel." reduziert werden könnte. Dies bestätigt auch der Fahrversuch, Abb. 6.49. Des Weiteren ermöglicht die Darstellung auch eine Abschätzung darüber, wie viel Rekuperationsleistung benötigt würde, um beispielsweise einen Sprung auf das nächstgrößere Rad zu vermeiden. Ein Radsprung ist in der Regel unbeliebt, da dadurch weitere Kosten entstehen. Darüber hinaus führt die Vergrößerung des Rades zu einem Mehrgewicht, das bis zu 4 kg pro Rad betragen kann und dem Bestreben den CO_2-Ausstoß des Fahrzeugs durch Leichtbau zu reduzieren, entgegenwirkt. Würde die

Rekuperationsleistung gerade der Antriebsleistung entsprechen oder der Test auf fünf Vollbremsungen reduziert werden, könnte auch eine kostengünstigere massive Bremsscheibe eingesetzt werden. Der obigen Abbildung ist auch für den Tesla Model S, als Beispiel für ein leistungsstarkes Elektrofahrzeug, analog die mögliche Bremsendimensionierung zu entnehmen. Hier ist auf Grund der hohen Endgeschwindigkeit (250 km/h) der Bremsleistungstest auslegungsentscheidend, vgl. Abb. 6.44. Zu beachten ist, dass als Basis für die Berechnung die Maximalleistung von $P_{Antrieb,Peak}$ = 310 kW und eine Rekuperationsleistung von P_{Rekup} = 72 kW (Pfeil) zu Grunde gelegt wurden, wobei die Dauerleistung nach längerer Volllast eigentlich bei $P_{Antrieb,Cont}$ = 69 kW liegt.

Der Grafik können auch die notwendigen Antriebs-/Rekuperationsleistungen entnommen werden, die beispielsweise dazu führen, dass die in der Herstellung aufwändigeren und teureren belüfteten Bremsscheiben durch kostengünstigere massive Bremsscheiben substituiert werden können. Unter Berücksichtigung der alpinen Passabfahrt ist bei Fahrzeug A dennoch lediglich die Reduktion auf die kleinste belüftete Bremsscheibe (276x22mm) zu empfehlen. Ungeachtet dessen sind selbstverständlich auch massive Bremsscheiben denkbar, deren Geometrien außerhalb dieser Darstellung liegen.

Zu den Rückwirkungen des Verhältnisses von Rekuperationsleistung zur Antriebsleistung auf die notwendige Bremsscheibenmasse kommt die Masse des dazugehörigen Bremssattels.

Bei der Betrachtung von Abb. 8.10 ist nachvollziehbar, dass auch beim Bremssattel ein Reduktionspotenzial bei der Masse existiert. Wird das oben genannte Beispiel um die Masse des Bremssattels erweitert, so ergibt sich beim Bremssattel durch den Sprung von der Radbremse „288x25 mm“ auf die „276x22 mm“ ein zusätzliches Gewichtseinsparungspotential von 0,7 kg (12 %).

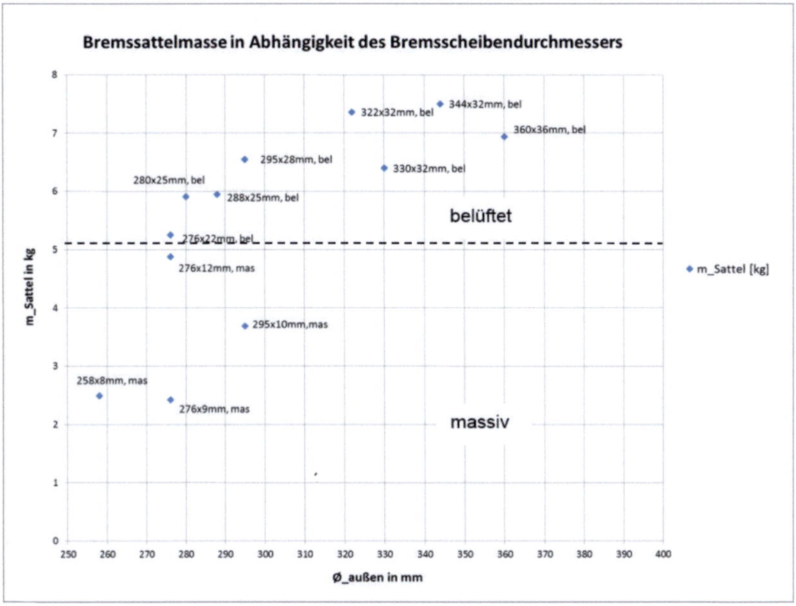

Abb. 8.10: Bremssattelmasse in Abhängigkeit des Bremsscheibendurchmessers

8.5 Gesetzliche Rahmenbedingungen

Der Optimierung eines Elektrofahrzeugs hinsichtlich der Effizienz und Wirtschaftlichkeit, durch die Modifikation der Radbremsen sind, neben der Funktionalität auch durch die Einhaltung von Gesetzen, Grenzen gesetzt. Nach der Analyse der Kenndaten eines PKW mit elektrischem Antriebsstrang und den daraus resultierenden Optimierungsmöglichkeiten im Hinblick auf eine Reduktion der Radbremse ist die Konformität mit den gesetzlichen Vorgaben zu prüfen. In diesem Zusammenhang ist im Wesentlichen die ECE-R 13H [54] zu nennen, deren wichtigsten Inhalte und deren Auswirkungen auf die Auslegungsmethodik der Radbremsen nachfolgend zusammengefasst sind, wobei kein Anspruch auf Vollständigkeit erhoben wird und länderspezifische Gesetze außerhalb des Gültigkeitsraums der ECE-R 13H gesondert zu betrachten sind.

Durch die Forderung, dass das Betriebsbremssystem bei allen Geschwindigkeiten und Belastungszuständen bei jeder Steigung und jedem Gefälle eine Kontrolle der Fahrzeugbewegung sowie ein sicheres, schnelles und wirksames Anhalten ermöglichen muss, ergibt sich die Notwendigkeit einer zusätzlichen Bremseinrichtung, in der Regel die konventionellen Reibbremsen, neben dem elektrischen Antriebsstrang, für den Fall, dass dessen Bremswirkung versagt. Hierfür ist es aber ausreichend, dass die zusätzliche Bremseinrichtung das Anhalten ermöglicht, sobald die regenerative Bremswirkung entfällt, und nicht die gesamte Energie einer langen alpinen Passabfahrt aufnehmen muss. Weiterhin wird gefordert, dass, wenn das Bremsmoment für eine bestimmte Achse sowohl durch eine Reibbremse als auch durch ein elektrisches Bremssystem mit Energierückgewinnungseinrichtung erzeugt wird, eine Trennung vom rekuperativen Bremssystem zulässig ist, sofern die Reibbremse dauerhaft verbunden bleibt. Hieraus resultiert ebenfalls die Anforderung des Einsatzes einer Reibbremse, die zusätzlich die Forderung nach einer mechanischen Feststellbremse erfüllt, um das Fahrzeug auch bei Abwesenheit des Fahrzeugführers auf einer Steigung oder an einem Gefälle im Stillstand zu halten. Zusätzlich zu erfüllen ist, dass das Betriebsbremssystem, das Hilfsbremssystem und das Feststellbremssystem auf Bremsflächen wirken müssen, die mit den Rädern über Teile mit entsprechender Festigkeit verbunden sind. Dies wird durch die Ergänzung des rekuperativ bremsenden elektrischen Antriebsstrangs um eine Reibbremse erfüllt.

Wird die Betriebsbremsung durch die Muskelkraft des Fahrzeugführers und durch die Hilfskraft aus einem oder mehreren Energievorräten erreicht, so muss die Hilfsbremsung bei Ausfall dieser Unterstützung durch die Muskelkraft des Fahrzeugführers gegebenenfalls mit der Unterstützung des von der Störung nicht betroffenen Energievorrats erreicht werden können, wobei die auf die Betätigungseinrichtung der Betriebsbremse ausgeübte Kraft die vorgeschriebenen Höchstwerte nicht überschreiten darf. Die maximal zulässige Bremspedalkraft liegt bei $F_{Pedal} = 500$ N. Abb. 8.11 zeigt die erforderlichen Bremsdrücke in Abhängigkeit der gewählten VA-Bremse, um mit $F_{Pedal} = 500$ N die gesetzlich vorgeschriebene Mindestverzögerung von $a_{min} = 2{,}44\ m/s^2$ zu erreichen, vgl. auch Abb. 6.34. Bei den Radbremsen mit Drücken über 30 N/cm^2 handelt es sich um Bremsen mit vergleichsweise kleinen

Radbremszylindern (ursprünglicher Einsatz als HA-Bremsen). Eine Reduktion des erforderlichen Bremsdrucks kann folglich durch die Vergrößerung des Radbremszylinders erfolgen.

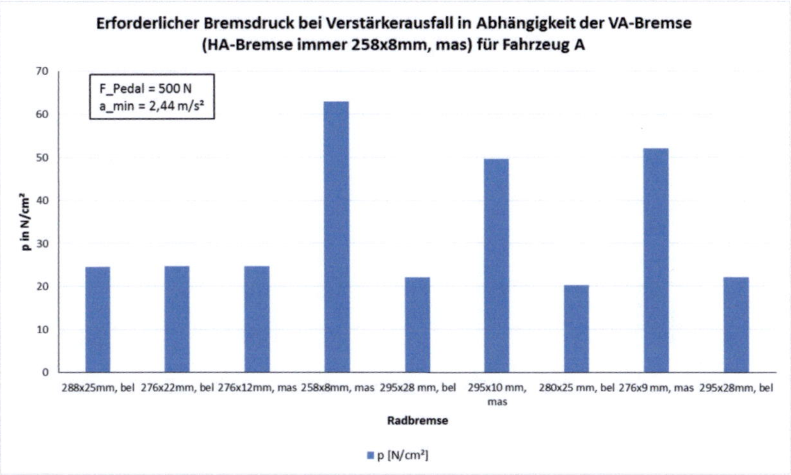

Abb. 8.11: Erforderlicher Bremsdruck bei Verstärkerausfall in Abhängigkeit der VA-Bremse, Fahrzeug A

Es muss ebenfalls gewährleistet sein, dass im Fall des Ausfalls eines der (hydraulischen) Bremskreise, durch die Bremswirkung des verbliebenen Kreises die Mindestverzögerung erreicht werden kann. Dies setzt voraus, dass das hydraulische Reibbremssystem entsprechend ausgelegt ist und einer weitgehenden Reduktion der Bremsscheibendurchmesser entgegenstehen kann, falls nicht durch geeignete Maßnahmen die Restbremswirkung erfüllt wird. Diese Maßnahmen können beispielsweise die Anpassung der geometrischen Gestaltungsmerkmale der Radbremsen wie der effektive Reibradius r_{eff}, der Belagreibwert μ_{Belag} oder der Kolbendurchmesser des Radbremszylinders $Ø_{Kolben}$ sein. In jedem Fall muss das Erreichen einer Mindestverzögerung von 2,44 m/s² abgesichert sein. Abb. 8.12 zufolge werden bei Fahrzeug A durch den Einsatz der dargestellten Radbremsen an der Vorderachse die Mindestverzögerungswerte erreicht. Selbst bei der Nutzung der eigentlichen HA-Radbremsen (258x8mm, 295x10mm und 276x9mm) werden die Bedingungen erfüllt. Lediglich die Bedingungen des

Verstärkerausfalls innerhalb der geforderten Betriebsparameter wird mit kleinen Bremsendurchmessern in Kombination mit kleinen Bremskolbendurchmessern verfehlt, vgl. Abb. 8.11).

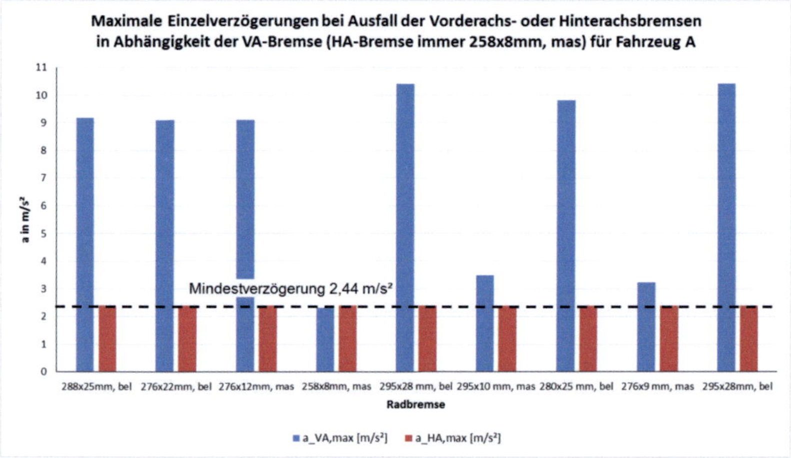

Abb. 8.12: Maximale Einzelverzögerung bei Ausfall der Vorderachs- oder Hinterachsbremsen in Abhängigkeit der VA-Bremse, Fahrzeug A

Gekoppelten Bremssystemen wird mit der Forderung, dass bei Fahrzeugen mit einem elektrischen Bremssystem mit Energierückgewinnungseinrichtung Übergangszustände, wie Gangwechsel oder das Loslassen der Beschleunigungsvorrichtung, die das Verhalten des Fahrzeugs nicht beeinflussen dürfen, Grenzen gesetzt. Durch den Einsatz von entkoppelten Bremssystemen kann nicht nur der Anteil der rekuperierten Energiemenge bei einer Bremsung gesteigert werden, indem sich die tatsächlich rekuperierbare Bremsenergiemenge dem idealen Wert annähert, sondern durch die Entkoppelung auch höhere rekuperative Verzögerungen ermöglicht werden. Dadurch wird beim Ausfall der Rekuperation der Fahrer keine nachlassende Bremswirkung feststellen, die ihn zu einem schnellen aktiven Nachtreten des Bremspedals veranlassen würde.

8.6 Anforderungen der Märkte

Auch aus der Geschwindigkeitsbegrenzung spezifischer Märkte lassen sich Aspekte für eine Neuorientierung bei der Auslegung und Konzeption von Radbremsen für PKW mit elektrischem Antriebsstrang ableiten.

Unter Berücksichtigung des Kundenfahrverhaltens und der stärkeren Wahrnehmung der Fahrzeugpartikelemissionen (Abgas, Reifen, Bremsen, Straßenabrieb, Verwirbelungen) [55] sollen an dieser Stelle neue Bremszyklen für ZEV diskutiert werden. Maßgeblich ist hier auch die Erkenntnis der großen Spreizung zwischen den Leistungsanforderungen der Presse zur Bewertung der Leistungsfähigkeit und Standfestigkeit der Radbremsen und den Bremsleistungen im Kundenfahrverhalten, vgl. Abb. 6.66. Hinzu kommt die zunehmende Verbreitung flächendeckender Tempolimits in Deutschland und die mittlerweile generellen, nationalen Begrenzungen der Höchstgeschwindigkeit außerhalb geschlossener Ortschaften und auf Autobahnen in anderen Ländern, Abb. 8.13.

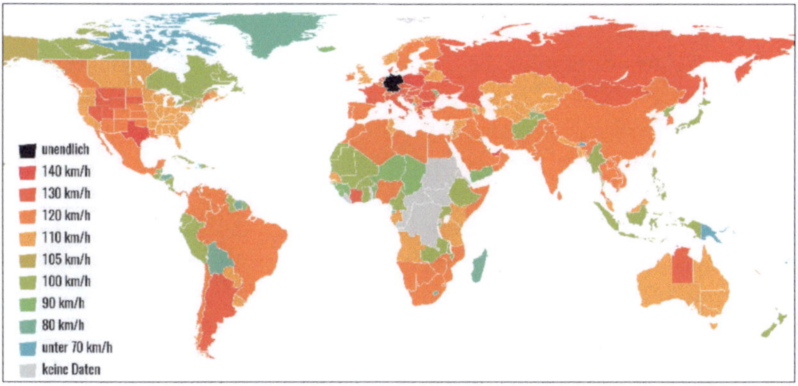

Abb. 8.13: Zulässige Höchstgeschwindigkeiten [56]

Durch die limitierten Höchstgeschwindigkeiten verlieren Leistungstests, die sich an hohen Geschwindigkeiten orientieren, an Relevanz für die thermische Auslegung der Radbremsen, vgl. Abb. 6.38. Auch beim Bremswegtest treten Bremsleistungen auf, die weit entfernt von denen im Kundenbetrieb liegen. Eine Basis zur Annäherung an einen sinnvollen Testzyklus soll Abb. 6.33 geben.

Es gibt die folgenden Parameter, die abweichend von der aktuellen Testform variiert werden können:

1. Ausgangsgeschwindigkeit beim Start des Bremsvorgangs (Abb. 6.33)

2. Anzahl der Wiederholungen der (Voll)Bremsungen (Abb. 6.33)

3. Die Beschleunigungszeit zwischen den (Voll)Bremsungen zum Erreichen der Ausgangsgeschwindigkeit (Abb. 6.26, Abb. 6.32, Abb. 6.43)

Das Reduktionspotenzial des Beispielfahrzeugs A von der VA-Bremse „288x25 mm, belüftet" auf „276x22 mm, belüftet" zeigte bereits Kapitel 6. Der Schritt zur Verkleinerung auf die Radbremse „276x12 mm, massiv" ergibt sich allerdings erst durch die Reduktion der Ausgangsgeschwindigkeit auf 90 km/h, bei 10 Stopps und der Vernachlässigung der Rekuperationsleistung. Durch die Anpassung der Testgeschwindigkeiten und -verzögerungen im Bremswegtest könnten die Radbremsen besser an die Mehrheit der Betriebsbedingungen (Abb. 6.56, Abb. 6.57, Abb. 6.58) angepasst werden. Letzten Endes entscheidet aber die individuelle Auslegungsphilosophie des Fahrzeugherstellers darüber, wie der Test gestaltet wird und ob er sich an den bisherigen Fahrmanövern der konventionell angetriebenen Fahrzeuge orientiert. Allerdings macht die vorliegende Arbeit die abweichenden Belastungen vom Kundenfahrverhalten, speziell bei Elektrofahrzeugen, deutlich, sodass durch die Beibehaltung der konventionellen Auslegungszyklen Reduktions- und Optimierungspotential an der Radbremse vergeben wird. Eine Änderung der Prozedur, beispielsweise durch die Reduktion des Bremswegtests auf fünf Bremsungen, würde die sichere Bremswirkung nicht mindern. Denkbar ist beispielsweise auch ein unterschiedlicher Prüfzyklus in Abhängigkeit der Fahrzeugart. So könnten sich die Bremsmanöver von Elektro-Sportwagen durchaus von elektrifizierten Fahrzeugen unterscheiden, die für den urbanen Gebrauch konzipiert werden.

Abschließend kann dieses Kapitel wie folgt zusammengefasst werden: Im Alltagsbetrieb und bei der alpinen Passabfahrt ist die Rekuperation eine effektive Eigenschaft, um die Radbremsen thermisch zu entlasten. Dabei spielen die Wahl der Betriebsstrategie und die Zustände der Kenndaten der Traktionsbatterie eine zentrale Rolle. Die Entwicklungstrends der nächsten Jahre weisen auf steigende Rekuperationsleistungen hin. Die Erweiterung des elektrischen Antriebsstrangs mit einer Traktionsbatterie durch Superkondensatoren ist zu befürworten, da sie das Nutzungsfenster der Rekuperation vergrößern. Die Möglichkeiten des autonomen Fahrens ergeben weitere Potenziale. Die Rekuperation kann in Abhängigkeit des Fahrzyklus zu einem reduzierten Bremsenverschleiß und einer verminderten Emission von Bremsstaub führen. Um zur Auswahl einer geeigneten Radbremse zu kommen, wurde eine Methode zur Dimensionierung vorgestellt, wobei durch die gesetzlichen Anforderungen auch Limitierungen gesetzt sind. Die Berücksichtigung der Verbreitung von Tempolimits, als Beispiel der Anforderungen spezifischer Märkte, bestärkt die Infragestellung der heutigen leistungsorientierten Testmethodik.

9 Zusammenfassung

Der steigende Grad der Elektrifizierung des Antriebsstrangs wirkt sich erwartungsgemäß auf die thermischen Belastungen und das Verschleißverhalten der Radbremsen aus. Damit wird eine Neuorientierung bei der Dimensionierung von Radbremsen für zukünftige Fahrzeuge gerechtfertigt. Die methodisch erarbeiteten Erkenntnisse zu den in Abb. 4.1 dargestellten Einflussfaktoren werden in diesem Kapitel zusammengefasst und zur Bewertung der formulierten Hypothesen hinsichtlich der Konstruktionsrichtlinien genutzt.

Die Einteilung der Fahrzeuge nach der emissionsfreien Reichweite beinhaltet neben batterieelektrischen Fahrzeugen (BEV) auch Hybridfahrzeuge (HEV). Beim leistungsorientierten Bremswegtest ist bei beiden Fahrzeugkonzepten die Speicherkapazität der kinetischen Energie theoretisch gegeben. Wie in Kapitel 6.2.1 dargelegt wurde, kommen insbesondere während einer längeren alpinen Passabfahrt die konzeptionellen Unterscheide zwischen BEV und HEV zum Tragen. Dabei ist bei den Hybridfahrzeugen die Speicherung der Bremsenergie bei diesem Lastfall der limitierende Faktor. Selbst mit einem leeren Energiespeicher übersteigt hier die zu speichernde Energie dessen Speicherkapazität um ein Vielfaches, wohingegen bei einem BEV die Speichermöglichkeit gegeben ist. Die **Hypothese I** wurde damit bestätigt und ist bei der Konzeption und Auslegung der Radbremsen für diesen alltagsnahen Lastfall zu berücksichtigen. Daraus folgt, dass bei HEV die Radbremsen hinsichtlich ihrer thermischen Masse größer dimensioniert werden müssen, um die Passabfahrt ohne Beeinträchtigung der Bremswirkung bestehen zu können.

Leistungsorientierte Bremsentestzyklen stellen nicht nur für die Radbremsen, sondern auch für den elektrischen Antriebsstrang eine extreme Belastung dar, mit der Folge, dass in Abhängigkeit von der Dimensionierung der elektrischen Komponenten, ein Leistungsabfall bei wiederholten Volllastanforderungen auftreten kann. Die derzeitigen BEV weisen teilweise signifikante Differenzen zwischen den maximalen und dauerhaften Antriebsleistungen auf, die sich in den Testzyklen in Form von verlängerten Abkühlphasen der Radbremsen temperatursenkend auswirken. Im Rahmen dieser Arbeit zeigte sich, dass es zur

Erreichung der maximalen Bremsentemperatur im Bremswegtest unerheblich ist, ob das Derating kontinuierlich nach jeder der zehn Beschleunigungen oder abrupt nach beispielsweise fünf Beschleunigungen mit einer stärkeren Leistungsreduktion einsetzt. Die systematisch erarbeiteten Erkenntnisse aus Kapitel 6.3.1 belegen somit die **Hypothese II**. Das bedeutet wiederum auch, dass, wenn ein Downsizing an den Radbremsen im Sinne einer Effizienzoptimierung von Elektrofahrzeugen angestrebt wird, ein Derating bei Missbrauchsnutzung, durch wiederholte Vollbeschleunigungen und hohen Verzögerungen, zur thermischen Entlastung der Radbremsen verhelfen kann.

Aufgrund der charakteristischen Eigenschaften der Traktionsbatterie wird die Rekuperationsleistung insbesondere durch die Batterietemperatur und den Ladezustand eingeschränkt, vgl. Kapitel 8.2. Die Betrachtungen dieser Arbeit stützten sich, nach aktuellem Stand der Technik, auf Elektrofahrzeuge mit Li-Ionen-Batterien und demzufolge führen besonders niedrige Batterietemperaturen zur Einschränkung des Rekuperationsvermögens. In diesem speziellen Temperaturbereich entlastet der elektrische Antriebsstrang die Radbremsen kaum, sodass der Einsatz von Superkondensatoren eine sinnvolle Ergänzung zur Traktionsbatterie darstellt (Abb. 8.5). Außerdem zeigt die Analyse von Kundennutzungsdaten, dass der Ladezustand der Batterien häufig Werte aufweist, die ebenfalls nicht die maximale Rekuperationsleistung ermöglichen. Auch hier kann ein Superkondensator ergänzend das Nutzungsfenster der Rekuperation verbreitern (Abb. 12.12). Ein Superkondensator zeichnet sich zudem durch hohe maximale Ladeleistungen aus und kann im Gegensatz zu Batterien Spitzenbelastungen bei hohen Verzögerungen aufnehmen. Folglich kann die **Hypothese III** in eine These überführt werden. Durch den Einsatz eines Superkondensators, zusätzlich zur Traktionsbatterie, schafft der elektrische Antriebsstrang für die Auslegung der Radbremsen einen konstanten, berechenbaren Beitrag zur Bremsleistung. Dies ist bei der Annäherung an das dargestellte, maximal mögliche Downsizing eine wesentliche Voraussetzung.

Die Arbeit offenbart einen testspezifischen beziehungsweise nutzungsspezifischen Einfluss der gewählten Rekuperationsbetriebsstrategie auf die Betriebstemperaturen der Radbremsen. In Abhängigkeit von der

Betriebsstrategie ist bei ZEV bei einer Passabfahrt in der Regel die verfügbare Rekuperationsleistung größer als die geforderte Bremsleistung und lediglich die Dosierbarkeit der Bremsanlage über das Gas- bzw. Bremspedal kann dazu führen, dass die Reibbremse bei gekoppelten Bremssystemen zum Einsatz kommt. Die analytischen Methoden zur Quantifizierung der Entlastung der Radbremsen durch das Rekuperationsvermögen des elektrischen Antriebsstrangs betrachteten stets die maximal möglichen Energiemengen, die während eines Bremsvorgangs gespeichert werden können und kommen einem „idealen" rekuperativen Bremssystem, bei dem das Bremspedal vom Fahrer entkoppelt ist, sehr nahe. Im Gegensatz dazu handelt es sich bei den für die experimentellen Methoden aufgezeichneten Messdaten um Basisdaten von Fahrzeugen mit gekoppeltem Bremssystem. Es ist davon auszugehen, dass die durch die Methodik hergeleiteten, theoretisch erzielbaren Downsizing-Effekte an der Radbremse, die auf die Rekuperation zurückzuführen sind, mit entkoppelten Bremssystemen in noch stärkerem Maße zum Tragen kommen, als dies durch die Messdaten der gekoppelten Bremssysteme in der Praxis bestätigt wurde. Bei der Analyse der Messdaten zeigte sich zudem, dass durch den Einsatz von Regelsystemen zur Stabilisierung des Fahrzeugs, in Abhängigkeit von der ABS-Regelstrategie, das Rekuperationspotential eingeschränkt wird (Absatz 6.3.2). Ursächlich hierfür ist, dass bei den hier betrachteten Fahrzeugen mit Zentralmotor das regenerative Motorbremsmoment nicht radselektiv geregelt werden kann. Stattdessen wird die Rekuperation deaktiviert und die Reibbremsen werden einzeln angesteuert, um ein stabilisierendes Bremsmoment zu erzeugen. Es ist jedoch davon auszugehen, dass es sich hierbei um Fahrzustände handelt, die beim Kunden nur sehr selten und nicht mit hoher Wiederholfrequenz auftreten. Generell wirken sich die verschiedenen betrachteten Strategien zur Implementierung der Rekuperation hinsichtlich der Entlastung der Radbremsen stärker aus, je geringer die Verzögerung ist. Es stellt sich insbesondere im Alltagsbetrieb und bei den kundennahen Prüfprozeduren, so auch bei der Passabfahrt, heraus, dass sich ein hohes Motorschleppmoment, bereits bei der Entlastung des Gaspedals, signifikant auf die Reduktion des Energieumsatzes an den Radbremsen auswirkt (Kapitel 6.2.2).

Bezüglich der Rückwirkung der Rekuperation auf die thermische Beanspruchung der Radbremsen wurden der Ladezustand der Traktionsbatterie, deren Temperatur und die Laderate als Einflussfaktoren auf die Bremsentemperaturen in Kapitel 6.1 in einer Sensitivitätsstudie untersucht. Vor dem Hintergrund des sich reduzierenden SOC während des Vortriebs des ZEV ist diese Kenngröße nicht ursächlich dafür, dass die Rekuperationsleistung eingeschränkt wird, zumal das freigegebene Nutzungsfenster der Batterie zwischen 20 % und 95 % des Ladezustands liegt. Die Laderate $C\text{-}Rate_{laden}$ skaliert ausgehend vom elektrischen Energieinhalt der Traktionsbatterie die Rekuperationsleistung linear, wobei die maximal zulässige $C\text{-}Rate_{laden}$ unter anderem vom Zelltyp der Batterie bestimmt wird. Dagegen weist die Traktionsbatterie selten eine Temperatur auf, die die maximale Rekuperationsleistung ermöglicht, es sei denn die Traktionsbatterie wird aktiv gekühlt oder beheizt. Auf der anderen Seite unterliegt auch die Antriebsleistung des Fahrzeugs Leistungsschwankungen, bedingt durch sehr tiefe oder hohe Batterietemperaturen, was zu reduzierten Fahrleistungen und damit zu einer thermischen Entlastung der Radbremsen führen kann. Durch ein intelligentes Thermomanagement der Traktionsbatterie könnte eine gleichmäßigere Rekuperationsleistung über einen weiten Temperaturbereich ermöglicht werden. Dies hätte sicherlich auch positive Auswirkungen auf eine Erhöhung der Batterielebensdauer, da durch große Temperaturdifferenzen verursachte Alterungsvorgänge vermieden werden würden. Darüber hinaus ergeben sich bei der Analyse der Kenndaten des elektrischen Antriebsstrangs in Kapitel 6.4.2 Richtgrößen, an denen sich die Werte im Alltag beim Kunden bewegen und die bei der Auslegung berücksichtigt werden sollten, da diese die systemseitig maximal mögliche Rekuperationsleistung reduzieren können. Beispielsweise liegt bei einem Stadtfahrzeug mit vorrangiger Kurzstreckennutzung der SOC die meiste Zeit zwischen 70 % und 95 %. Zusammenfassend kann die **Hypothese IV** bestätigt werden. Entsprechend Abb. 6.69 und Abb. 8.6 ist davon auszugehen, dass die Höhe der Verzögerungen und deren Anzahl durch die vorausschauende Fahrweise, infolge des steigenden Automatisierungsgrads der Fahrzeuge, weiter sinken werden und dabei die Rekuperation die Radbremsen noch stärker entlasten werden.

Die vorliegende Arbeit zeigt in Kapitel 8.2, dass hinsichtlich der Auswirkungen auf die Bremsentemperaturen der Vorderachsen sich bei konstanter Fahrzeugmasse die resultierende Erhöhung der Energiemenge der Traktionsbatterie temperatursenkender auf die Radbremsen auswirkt, als die Reduzierung der Fahrzeugmasse bei gleichbleibendem Energieinhalt der Batterie. Hochleistungszellen ermöglichen auf der einen Seite höhere Rekuperationsleistungen, weisen aber auf der anderen Seite eine geringere gravimetrische Energiedichte auf, sodass aus der Gewährleistung einer definierten Reichweite, verglichen mit Hochenergiezellen, ein schwereres Akkupack resultiert. Dies bestätigt die **Hypothese V**. Durch den gewählten Ansatz wurde dargelegt, dass es der Belastung der Radbremsen auch zugute kommt, dass in batterieelektrischen Fahrzeugen zur Erreichung maximaler Reichweiten Hochenergiezellen eingesetzt werden.

Gemäß Abb. 8.2 treten beim Bremswegtest sowohl bei BEV als auch bei PKW mit konventionellem Antriebsstrang die höchsten Bremsentemperaturen auf. Im Gegensatz dazu kommen beim Bremsleistungstest, zur Simulation einer zügigen Autobahnfahrt, dem Temperaturhaushalt der Radbremsen die derzeit noch niedrigeren Höchstgeschwindigkeiten der Elektrofahrzeuge zugute, vgl. Kapitel 6.3.1 und 8.1. Doch auch bei Fahrzeugen, die Geschwindigkeiten bis zu 250 km/h erreichen, wirkt die Rekuperation über die komplette Bremsung auf 80 km/h teilweise entlastend. Ebenso lassen die oft mangelnde Reproduzierbarkeit der Höchstgeschwindigkeit und der extremen Beschleunigungen sowie die geringen Elastizitätswerte bei der Beschleunigung, ausgehend von hohen Geschwindigkeiten, ausreichend Abkühlzeit für die Radbremsen. Jedoch sind bei diesen Tests lediglich ca. 10 % der Bremsenergie rekuperierbar und das Reduktionspotential der Bremsscheibenmassen liegt in der Größenordnung von 30 % der ursprünglichen Masse eines vergleichbaren konventionell angetriebenen Fahrzeugs. In der Praxis können bis zu 78 % der theoretisch möglichen Bremsenergiemenge rekuperiert werden. Die größten Differenzen hinsichtlich des Temperaturhaushalts der Radbremsen zwischen BEV und Fahrzeugen mit Verbrennungsmotor ergeben sich bei Fahrzyklen mit geringer oder mittlerer Bremsleistung. So wirkt bei der Passabfahrt und im Alltag die Rekuperation signifikant entlastend auf die Radbremsen. In der Folge kann **Hypothese VI** nur bedingt bestätigt werden, denn einerseits gilt für beide Antriebskonzepte der Bremswegtest als auslegungskritischster Testzyklus, andererseits wird die Hypothese durch die Entlastung der Radbremsen durch die Rekuperation in den anderen Testzyklen bestätigt. Auch in Zukunft kommt den Fahrversuchen eine große Bedeutung zu, da durch diese Methode Eingangsgrößen für simulative Betrachtungen generiert werden und die entwickelten Modelle mit Berücksichtigung der Rekuperation validiert werden können. Durch den Fahrversuch können auch komplexe Fragestellungen, wie beispielsweise das Verhalten des elektrischen Antriebsstrangs unter extremen Testbedingungen (Leistungstests) beantwortet werden, die wiederum die Dimensionierung der Radbremsen beeinflussen.

Die alpine Passabfahrt orientiert sich am Kundenverhalten und stellt ein Fahrprofil dar, bei dem die Rekuperation des elektrischen Antriebsstrangs die Radbremsen thermisch signifikant entlasten kann. Messungen mit an die Rekuperationsleistung angepassten und reduziert dimensionierten Radbremsen (Reduktion der Masse um 15 %, was eine Massenreduktion der Bremsscheiben um 12 % bedeutet) bestätigen, dass die maximal zulässigen Betriebstemperaturen der Radbremsen und der umliegenden Fahrwerkskomponenten nicht erreicht werden. Bei den Leistungstests treten im Gegensatz dazu Bremsleistungen auf, welche die Rekuperationsleistungsfähigkeit des elektrischen Antriebsstrangs um ein Vielfaches überschreiten, sodass nicht vollständig auf den Einsatz der Reibbremsen verzichtet werden kann. Mit berechneten 10 % Rekuperationsanteil an der Bremsenergie markiert der Tesla Model S derzeit den Höchstwert beim Bremswegtest. Für die Konzeption und Auslegung ist festzuhalten, dass bei den Leistungstests das Derating stärker zur Reduktion der Bremsentemperaturen beiträgt als die Erhöhung der Rekuperationsleistung um den selben Betrag. Wird über eine Reduktion der Testgeschwindigkeit zum Bremsbeginn nachgedacht, die sich näher an der Fahrpraxis des Alltags orientiert, kann sich der Effekt der Rekuperation auf die Senkung der Bremsentemperaturen stärker auswirken. Der Fahrversuch und die theoretischen Betrachtungen weisen derzeit auf ein Reduktionspotenzial der VA-Radbremsen um 12 %, bezogen auf die derzeitige Auslegung, hin. Vor dem Hintergrund des realen Kundenfahrverhaltens ist festzustellen, dass sich mit steigender Verzögerung die Unterschiede zwischen den Betriebsstrategien bemerkbar machen. Da im Alltag jedoch hohe Verzögerungen sehr selten auftreten, spielt die Betriebsstrategie, bezüglich der Energiebilanz an den Radbremsen, eine wesentliche Rolle. Je nach Auslegung beziehungsweise rekuperativer Verzögerung des ZEV können 55 – 95 % aller im Alltag auftretenden Verzögerungen ohne den Einsatz der Reibbremse dargestellt werden. Mit Blick auf die Weiterentwicklung und Verbreitung der Fahrerassistenzsysteme und dem zunehmenden Grad des automatisierten Fahrens ist davon auszugehen, dass sich die Bremsungen im Bezug auf die Höhe ihrer Verzögerungen und in ihrer Anzahl verringern werden. Die Analyse der Verzögerungen verschiedener Verbrauchs- und Testzyklen zeigt, dass der Alltagsbetrieb deutlich näher durch diese Zyklen, insbesondere durch den WLTP, widergespiegelt wird, als durch die Fahrzyklen der Fachpresse oder der OEM. Bei einer möglichen Reduktion der Radbremse, auf Grund der Entlastung durch den elektrischen Antriebsstrang, ist aus der wirtschaftlichen Perspektive die Schwelle interessant, ab der von einer teureren, belüfteten auf eine kostengünstigere, massive Bremsscheibe an der Vorderachse gewechselt werden kann. Bei diesem Ansatz sollten zunächst die leistungsorientierten Auslegungstests der OEM und Motorfachpresse zu Grunde gelegt werden, solange diese noch Stand der Technik definieren. Es ist jedoch zu berücksichtigen, dass jeder Sprung zu einem größeren Rad, verursacht durch die größere Dimension der Radbremse, ein Mehrgewicht von bis zu 4 kg pro Rad bedeuten kann. Vor diesem Hintergrund ist die entwickelte Darstellung in Abb. 8.9 hilfreich, um durch das fahrzeugspezifische Verhältnis von Rekuperations- zur Antriebsleistung bei der Konzeption eines ZEV kosten- und gewichtsintensive Radsprünge zu vermeiden. Mit diesen Erkenntnissen kann die **Hypothese VII** bestätigt werden.

Die Auswirkungen der Rekuperation auf den Verschleiß der Bremsscheiben und -beläge wurden sowohl am Schwungmassenprüfstand (Kapitel 7.1) als auch im Rahmen einer Feldstudie (Kapitel 7.2) untersucht. Das Ergebnis bestätigt, dass die Auswirkungen auf das Verschleißverhalten der Bremsscheiben und -beläge stark vom Fahrzyklus abhängen und mit dem Anteil der Rekuperationsenergie korrelieren. Zusammenfassend ist festzuhalten, dass an der Rekuperationsachse die Bremsbelagstärke, bei vorrangiger Nutzung im urbanen Umfeld, auf 50 % der Stärke des konventionellen Fahrzeugs reduziert werden kann. Bei intensiver Nutzung auf der Autobahn ergibt sich ein rechnerisches Reduktionspotential auf 70% der ursprünglichen Stärke eines vergleichbaren konventionellen Fahrzeugs. Die Ergebnisse der Feldstudie bestätigen dies und ergeben im tatsächlichen Kundenbetrieb ein Reduktionspotential von ebenfalls 50 % im Vergleich zur derzeitigen Belagstärke der konventionellen PKW. Ebenso ist der positive Einfluss der Rekuperation auf die Bremsstaubemission hervorzuheben. Vor dem Hintergrund der aktuellen Feinstaubdebatten kann die Rekuperation die Bremsentemperaturen und Bremsdrücke der Reibbremsen senken und somit die Größe der Partikel erhöhen (je kleiner die Partikel, desto gesundheitsschädlicher) und deren Anzahl verringern. Dies trifft besonders für ballungszentrentypische Stadtfahrzyklen zu, vgl. Kapitel 8.3. Durch die beiden gewählten Ansätze konnten sowohl die Auswirkungen der Rekuperation in den einzelnen Fahrzyklen erarbeitet werden, als auch das Verschleißreduktionspotenzial in Folge des tatsächlichen Kundennutzungsverhaltens beziffert werden. Aus der Kombination der beiden Methoden ergibt sich die Dimensionierungsempfehlung. Die Gültigkeit der **Hypothese VIII** ist damit nachgewiesen.

Die Summe der methodischen Ansätze dieser Arbeit stößt eine Neuorientierung bei der Auslegung und Konzeption von Radbremsen für PKW mit elektrischem Antriebsstrang an und stellt die daraus resultierenden Vorteile heraus, beispielsweise Komplexitäten, Kosten und Gewicht einzusparen. Des Weiteren wird mit Abb. 8.9 vorgestellt, wie in Abhängigkeit von der Antriebs- und Rekuperationsleistung die Konstruktionsauslegung der Radbremsen, z. B. an der Radgröße, ausgerichtet werden kann. Letztendlich hängt jedoch das Ausmaß der Umsetzung der sich bietenden Möglichkeiten von der Entwicklung der Elektrifizierung des Antriebsstrangs, von weiteren Trends in der Automobilindustrie und von der individuellen Auslegungsphilosophie des OEM mit Blick auf die Leistungstests ab.

10 Ausblick

Die vorliegende Arbeit sieht ihren Schwerpunkt in der thermischen und funktionellen Auslegung der Radbremsen für PKW mit elektrischem Antriebsstrang, basierend auf der energetischen Betrachtung des Bremsvorgangs bei unterschiedlichen Fahrzyklen.

Im nächsten Schritt sind weitere Entwicklungsschwerpunkte, die die Dimensionierung der Radbremsen beeinflussen, zu untersuchen und in die Auslegungsmethodik für Radbremsen von Elektrofahrzeugen zu integrieren. Beispiele sind hierfür das NVH- und Korrosionsverhalten sowie der Bremskomfort. Durch die reduzierten Geräuschemissionen des elektrischen Antriebsstrangs werden radbremsinduzierte NVH-Ereignisse von den Kunden stärker wahrgenommen. Die zukünftigen Entwicklungen bei der Elektrifizierung des Antriebsstrangs können nicht vollständig vorhergesehen werden, wohl aber sind die Prognosen und Trends darstellbar, auf denen die vorliegende Arbeit aufsetzt. Die Umsetzbarkeit der konstruktiven Neuorientierung ist abhängig von der Entwicklung der ZEV in den nächsten Jahren. Dann ist gegebenenfalls eine Neubewertung der Ansätze und Methoden durchzuführen.

Des Weiteren gilt es, die Datenbasis bezüglich der Kenndaten des elektrischen Antriebsstrangs, des Nutzungsverhaltens und des Bremskollektivs von Elektrofahrzeugen im Kundenbetrieb noch zu vergrößern, um die Methodik dieser Arbeit zu untermauern oder zu erweitern. Dies schließt wiederum die Analyse der Auswirkungen verschiedener Rekuperationsstrategien auf das Bremsverhalten des Kunden mit ein. Darüber hinaus sind in diesem Zusammenhang wissenschaftliche Untersuchungen des Bremsverhaltens bei zunehmender Anzahl autonom fahrender Fahrzeuge mit Blick auf das Schwarmverhalten anzustreben, denn hier sind die Zusammenhänge, besonders im Mischbetrieb mit konventionell gesteuerten Fahrzeugen, weitestgehend unbekannt.

Die Methodik dieser Arbeit wurde anhand von Scheibenbremssystemen entwickelt und angewandt. Aufgrund der allgemeingültigen Vorgehensweise auf Basis der Energieverteilungen zwischen der Radbremse und dem elektrischen Antriebsstrang ist der Übertrag der Erkenntnisse auf andere Bremsenkonzepte, z. B. Trommelbremsen, zu prüfen. In gleicher Weise können auch andere Antriebsarchitekturen sowie auf die Rekuperation einwirkende Störgrößen, wie beispielsweise die fahrzeugstabilisierenden Regeleingriffe, untersucht werden.

11 Literaturverzeichnis

[1] H. Wallentowitz, A. Freialdenhoven und I. Olschewski, Strategien zur Elektrifizierung des Antriebsstranges, Wiesbaden: Vieweg + Teubner, 2010.

[2] J. Löhle, „E-Mobilität in Stuttgart," 28 März 2017. [Online]. Available: http://www.stuttgarter-zeitung.de/inhalt.e-mobilitaet-in-stuttgart-mercedes-benz-und-hermes-testen-emissionsfreie-zustellung.cceec675-f658-47fd-b0eb-61bf3ced8d68.html. [Zugriff am 4 Mai 2017].

[3] „Emissionsfrei unterwegs," 2016. [Online]. Available: https://www.daimler.com/produkte/lkw/fuso/fuso-flottentest-stuttgart.html. [Zugriff am 4 Mai 2017].

[4] C. A. R. Board, „The Zero Emission Vehicle Program - 2008," in *Fact Sheet Sacramento*, USA, 2008.

[5] P. Stenner, G.-F. Graf und M. Lienkamp, „Analyse und Neustrukturierung der Gesamtfahrzeugerprobung für Elektrofahrzeuge," in *Innovative Automobiltechnik IV*, Cuvillier, E, 2013, pp. 27-41.

[6] U. Kuhn, „E-mobile Gesamtfahrzeugarchitekturen -- Herausforderungen für das Bremssystem," in *XXX. Internationales My-Symposium -- Bremsen-Fachtagung (4 -5 November 2011: Bad Neuenahr)*, Bde. %1 von %2Fortschritt-Berichte VDI-Reihe 12, B. Breuer, Hrsg., Bad Neuenahr, Düsseldorf: VDI-Verlag, 2011.

[7] M. Keichel, Das Elektroauto, Wiesbaden: Springer-Verlag, 2013.

[8] A. Walker, M. Lampérth und S. Wilkins, „On Friction Braking Demand with Regenerative Braking," *SAE International,* pp. doi: 10.4271/2002-01-2581, Januar 2002.

[9] Y. Gao, L. Chen und M. Ehsani, „Investigation of the Effectiveness of Regenerative Braking for EV and HEV," *SAE International,* pp. doi: 10.4271/1999-01-2910, Januar 1999.

[10] A. Lindemann, „3. Elektrotechnische Grundlagen - Die Elektrifizierung des Antriebsstrangs," *MTZ,* pp. 608-611, Juli/August 2012.

[11] T. Eberl, B. Terhorst, R. Stroph und A. Pruckner, „Pedal feel of electric vehicles – the driver and the regeneration," in *chassis.tech plus 2012*, München, 2012.

[12] U. Knödel, F.-J. Stein und H. Schlenkermann, „Variantenvielfalt der Antriebskonzepte für Elektrofahrzeuge," *ATZ,* pp. 552-557, Juli/August 2011.

[13] C. Torrelli, „Getriebe für Elektrofahrzeuge," *ATZ online,* pp. 106-109, Februar 2013.

[14] A. Lindemann, „Leistungselektronik im elektrifizierten Antriebsstrang," *ATZonline,* pp. 898-903, November 2012.

[15] E. Ceuca, A. Tulbure und M. Risteiu, „The Evaluation of Regenerative Braking Energy," in *2010 IEEE 16th International Symposium for Design and Technology in Electronic Packaging (SIITME)*, 2010.

[16] R. Sadoun, N. Rizoug, P. Bartholomeüs, B. Barbedette und P. Le Moigne, „Optimal Sizing of Hybrid Supply for Electric Vehicle Using Li-ion Battery and Supercapacitor," *IEEE,* pp. 978-1-61284-247-9/11, 2011.

[17] J. Auer und C. Wieser, „Einsatzprofile von Ultracaps in zukünftigen Bordnetzen," *ATZelektronik,* pp. 18-23, April 2009.

[18] Alberto Boretti, University of Ballarat, Australia, „A novel mechanical kinetic energy recovery system to improve the performance and reduce the fuel consumption and the pollutant emissions of passenger cars," in *EuroBrake*, Dresden, 2012.

[19] A. Bund und R. Piepmann, „Elektrochemische Speicher für die Elektrotraktion," *Galvanotechnik,* pp. 272-275, Februar 2013.

[20] B. Lunz und D. U. Sauer, „Energy Storage Systems for Electric Vehicles," ISEA RWTH Aachen, Aachen, 2012.

[21] D.-U. Sauer und J. Kowal, „Batterietechnik - Grundlagen und Übersicht," *ATZ online,* pp. 1000-1005, Dezember 2012.

[22] C. Möller, „Zukunft der Akkutechnologien," *ATZ elektronik,* pp. 8-13, März 2011.

[23] R. Kasper und M. Schünemann, „5. Elektrische Fahrantriebe - Topologien und Wirkungsgrad," *MTZ Wissen,* pp. 802-807, Oktober 2012.

[24] B. Schott, C. Günther und A. Jossen, „Batterie-Roadmap 2020+, ZSW-Studie," 2010.

[25] J. Sendler, „Untersuchungen zur ergonomiegerechten Gestaltung der Mensch-Maschine-Schnittstellen von aktuellen Pkw-Bremsanlagen,“ *Dissertationsschrift,* Bd. 4, 2012.

[26] M. Duval-Destin, T. Kropf, V. Abadie und M. Fausten, „Auswirkungen eines Elektroantriebs auf das Bremssystem,“ *ATZonline,* pp. 638-643, September 2011.

[27] R. Bauer, T. Raste und P. E. Rieth, „Systemvernetzung von Hybridantrieben,“ *ATZelektronik,* pp. 6-10, April 2007.

[28] Eddie Curry, MIRA Limited UK, „Design and effectiveness of regenerative brake systems for electric and hybrid vehicles,“ in *Euro Brake 2012*, Dresden, 2012.

[29] R. Lauxmann, „Braking gets you ahead and also reduces CO2 emission – development of new braking systems at Bosch,“ in *brake.tech 2011*, München, 2011.

[30] G. Kacher, „Kann ein Porsche wirklich öko sein?,“ *Auto Bild,* pp. 46-47, 20 Januar 2017.

[31] J. Knechtges, J. Pickenhahn und A. Seewald, „Potential of a “Future Brake System” (IBS) considering vehicle performance integration and driver assistance,“ in *chassis.tech plus 2012*, München, 2012.

[32] S. Kirchner, J. Sendler und K. Augsburg, „Brake pedal feeling of decoupled braking systems for electric and hybrid electric vehicles,“ in *Euro Brake 2012*, Dresden, 2012.

[33] M. Merkle, „Einfluss Start-Stopp auf Bordnetz und Generator," in *3. VDI Tagung: Energieeinsparung durch Elektronik im Fahrzeug*, Baden-Baden, 15. u. 16. Oktober 2008.

[34] David B. Antanaitis, General Motors, „Effect of Regenerative Braking on Foundation Brake Performance," *SAE International*, pp. doi:10.4271/2010-01-1681, 10 Oktober 2010.

[35] Manfred Meyer, TRW Automotive Koblenz, „Rekuperation und Auswirkung auf die Bremsanlage," in *XXX. Internationales mue-Symposium - Bremsen-Fachtagung* -, Bad Neuenahr/Germany, 2011.

[36] M. Meyer, I. Alfter und T. Zettelmeyer, „Brake system for electric vehicles – challenges and opportunities," in *brake.tech 2011*, München, 2011.

[37] Ulrich Kuhn, BMW Group München, „E-mobile Gesamtfahrzeugarchitekturen - Herausforderungen für das Bremssystem," in *XXX. Internationales mue-Symposium - Bremsen-Fachtagung* -, Bad Neuenahr/Germany, 2011.

[38] K. Bode und M. Tiedemann, „Radbremsen in E-Fahrzeugen - Potenziale und Herausforderungen," *ATZ* , pp. 26-31, Juni 2017.

[39] G. Freitag, M. Gerlich, D. Bergmann, G. Pais und B. Fischer, „Replacement of the friction brake by a wheel hub drive," in *3rd International Munich Chassis Symposium (21 -22 June 2012)*, München, 2012.

[40] G. Freitag, M. Gerlich, D. Bergmann, G. Pais und B. Fischer, „Ersatz der Reibbremse durch einen Radnabenantrieb," in *chassis.tech plus 2012*, München, 2012.

[41] O. Hayes und D. Armbruster, „Porsche 911 GT3 R Hybrid – recuperation brake system," in *brake.tech 2011*, München, 2011.

[42] P. Tawadros und N. Zhang, „Quantitative experimental study of HEV regenerative braking systems," in *Euro Brake 2012*, Dresden, 2012.

[43] M. Burckhardt, Fahrwerktechnik: Bremsdynamik und Pkw-Bremsanlagen, Vogel Fachbuch, 1991.

[44] T. Bernhart, Entwicklung und Verifizierung eines Berechnungstools zur Analyse des Temperaturhaushalts von PKW-Bremsscheiben bei Variation der Fahrzyklen und Fahrzeugparameter, Hochschule Offenburg: Bachelorarbeit, 2010.

[45] C. Bangemann, „Neue Stromlinie," *auto motor und sport,* pp. 58-64, Juni 2010.

[46] A. Höfer, D. Zeitvogel, H. E. Freidrich und J. Wiedemann, „Ganzheitliche Betrachtung von Fahrwerk, Antrieb und Fahrdynamikregelung," *ATZ,* pp. 68-73, April 2015.

[47] M. Streitenberger, S. Yigit und J. Wuchatsch, „Multiphysikalische Simulation der Bremsflüssigkeitstemperatur bei Bergabfahrten," in *Internationales symposium (Bremsen-Fachtagung)*, VDI-Verlag, 2017, pp. 21-38.

[48] J.-P. Pompon, Das Handbuch der Bremsscheibe, Brembo SpA, 1997.

[49] H. Klipp und J. Staat, „Luxus-Stromer gegen Zwölfzylinder-SUV," *Auto Bild,* pp. 38-45, 13 Januar 2017.

[50] A. Bloch, „E-Autos im Härtetest," *auto motor und sport,* pp. 94-100, 24 Juli 2014.

[51] M. Maurer, J. Gerdes, B. Lenz und H. (. Winner, Autonomes Fahren, Springer-Verlag GmbH, 2015.

[52] S. International, „Automated Driving - Levels of driving automation are defined in new SAE international strandard J3016," SAE International, 2014.

[53] G. Straffelini, „Friction and wear behavior of HVOF coatings dry sliding against a friction material," in *EuroBrake*, Dresden, 2017.

[54] Y. Lyu, „Ranking of conventional and novel disc brake material with respect to airborne particle emissions," in *EuroBrake*, Dresden, 2017.

[55] H. Sachse, K. Augsburg, D. Hesse, F. Wenzel, D. Lugovyy und M. Schröder, „Sampling of Brake Dust Particles," in *EuroBrake 2016*, Mailand, 2016.

[56] S. Gramstat, A. Cserhati, D. Lugovyy und M. Schröder, „Investigations of brake particle emissions - Testing method, vehicle pecularities and friction material influence," in *EuroBrake*, Dresden, 2017.

[57] E. C. f. Europe, *ECE-R 13H: Einheitliche Bedingungen für die Genehmigung von Personenkraftwagen hinsichtlich der Bremsen,* 2011.

[58] U. Quass, „Ermittlung des Beitrages von Reifen-, Kupplungs-, Brems- und Fahrbahnabrieb an den P10-Emissionen von Straßen," Carl Schünemann Verlag GmbH, Duisburg, 2008.

[59] „Katapult," 20 Februar 2017. [Online]. Available: http://katapult-magazin.de/de/artikel/artikel/fulltext/weltweite-tempolimits/. [Zugriff am 26 Mai 2017].

[60] [Online]. Available: http://www.grossglockner.at/static/cms/grossglockner/bilder/hochalpenstrasse/strassenprofil/profil_gross_de.jpg. [Zugriff am 2 März 2016].

12 Anhang

Bezeichnung	Technologie	Typ	Emissionsfreies Fahren
PZEV (Partial ZEV)	konventionelle Antriebe mit hochentwickelter Abgastechnologie	-	-
AT PZEV (Advanced Technolgy PZEV)	Hybrid-, Erdgas- und Methanolbrennstoffzellenfahrzeuge		
Enhanced AT PZEV	AT PZEV mit einem ZEV Kraftstoff (Plug-In Hybride, H_2-Verbrennungsmotor)		
ZEV (Zero Emission Vehicle)	Brennstoffzellen- und Batterieelektrofahrzeuge	I	50-75 Meilen
		I.5	75-100 Meilen
		II	100-200 Meilen
		III	100 Meilen und Schnell-ladung oder 200 Meilen
		IV	200 Meilen und Schnellladung
		V	300 Meilen und Schnellladung

Abb. 12.1: Einteilung von Fahrzeugen nach deren emissionsfreier Reichweite [4]

Tab. 12.1: Kenndaten verschiedener elektrischer Antriebsstränge

Fahrzeug	Getriebe-übersetzung i (eine Getriebestufe)	E-Motor	$P_{elAntrieb,Sys}$	$M_{elAntrieb,Sys}$	Batterie	E_{el}
Einheit	-	-	kW	Nm	-	kWh
BMW i3	9,7	Synchron Hinterachse	125	250	Li-Ion	22
Nissan Leaf	7,938	Synchron Vorderachse	80	280	Li-Ion	24
Mitsubishi i-MiEV	6,066	Synchron Hinterachse	49	180	Li-Ion	16
Volvo C30 Electric	10,909	Synchron Vorderachse	82	220	Li-Ion	24
Smart Fortwo ed	9,922	Synchron Hinterachse	55	130	Li-Ion	17,6
Tesla Model S	9,73	Asynchron Hinterachse	310	600	Li-Ion	85
MB B-Klasse Electric Drive	9,73	Asynchron Vorderachse	130	340	Li-Ion	28

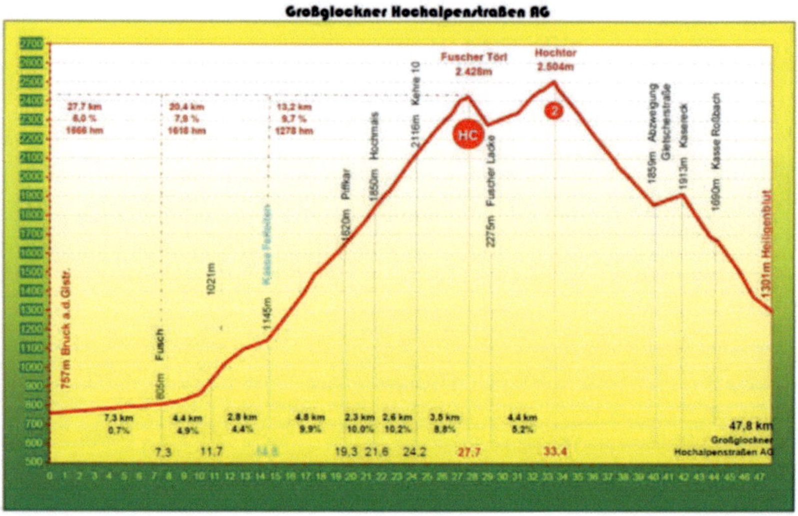

Abb. 12.2: Höhenprofil der Großglockner-Passabfahrt [57]

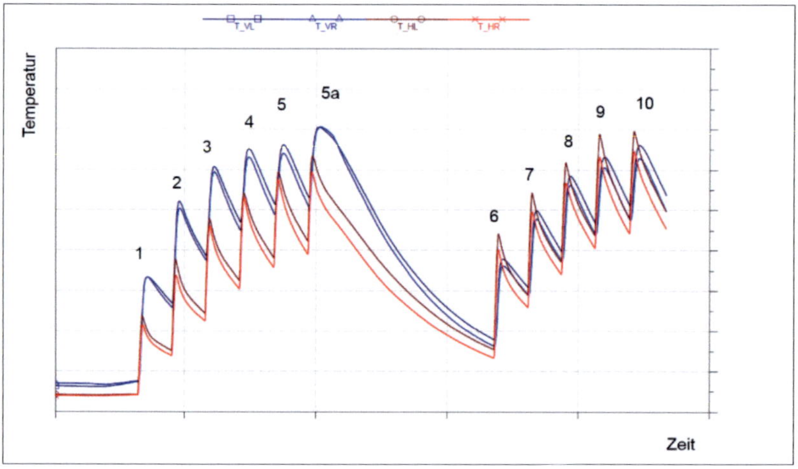

Abb. 12.3: Charakteristische Temperaturverläufe der Radbremsen im Bremsleistungstests

Tab. 12.2: Kenndaten der ZEV

Fahrzeug	$m_{Fzg,leer}$	$m_{Fzg,ZGG}$	0 → 100 km/h	v_{max}	s_{NEFZ}
Einheit	kg	kg	s	km/h	km
A	1615	1960	11,6	150	255
B	890	1150	11,5	125	145
C	1660	2170	10	160	200

Tab. 12.3: Übersicht der Radbremsen der Versuchsfahrzeuge

Fahrzeug	VA-Radbremse		HA
A	1	288x25mm, belüftet	258x8mm; massiv
	2	288x25mm, leicht; belüftet	258x8mm; massiv
	3	276x22mm, belüftet	258x8mm; massiv
	4	276x22mm, leicht; belüftet	258x8mm; massiv
	5	276x22mm, red; belüftet	258x8mm; massiv
	6	276x12mm; massiv	258x8mm; massiv
B	7	280x9,7mm; massiv	Trommel
C	8	295x28mm; belüftet	295x10mm; massiv
	9	280x25mm; belüftet	276x9mm; massiv

Tab. 12.4: Übersicht der Betriebsstrategien der Versuchsfahrzeuge

Fahrzeug	Betriebsstrategie	Bezeichnung	Beschreibung
A	1	„ohne Rekup“	0% Schlepp + 0% BLS
	2	„0% Rekup“	0% Schlepp + 100% BLS
	3	„50% Rekup“	50% Schlepp + 100% BLS
	4	„100% Rekup“	100% Schlepp + 0% BLS
B	3	„50% Rekup“	50% Schlepp + 100% BLS
C	2	„0% Rekup“	0% Schlepp + 100% BLS
	3	„50% Rekup“	50% Schlepp + 100% BLS
	4	„100% Rekup“	100% Schlepp + 0% BLS

Tab. 12.5: Kenndaten der Fahrzeuge der Feldstudie

Fahrzeug	$m_{Fzg,leer}$	$m_{Fzg,ZGG}$	0 → 100 km/h	v_{max}	s_{NEFZ}
Einheit	kg	kg	s	km/h	km
D	1809	2084	11,4	170	380
E	1468	1880	9,6	195	-

Tab. 12.6: Kenndaten der Antriebsstränge der Fahrzeuge der Feldstudie

Fahrzeug	Antrieb	Rekuperationsachse	Batterie	E_{Batt}	$P_{elAntrieb,Sys}$ Peak/Cont	$M_{elAntrieb,Sys}$
Einheit	-	-	-	kWh	kW	Nm
D	Permanenterregte Synchronmaschine	Vorderachse	Li-Ion	1,4	100/80	290
E	Verbrennungsmotor	Vorderachse	-	-	100	280

Tab. 12.7: Details der Bremssysteme der Fahrzeuge zur Untersuchung des Bremsenverschleißes

Fahrzeug	Bremssystem	Rekuperation	Schleppmoment	Radbremse Vorderachse	Radbremse Hinterachse	Bremskreisaufteilung
Einheit	-	-	-	mm	mm	-
D	Gekoppelt	Schließwegverlängerung	variabel	288x25 belüftet	278x9	diagonal
E	Gekoppelt	-	-	288x25 belüftet	258x8 massiv	diagonal

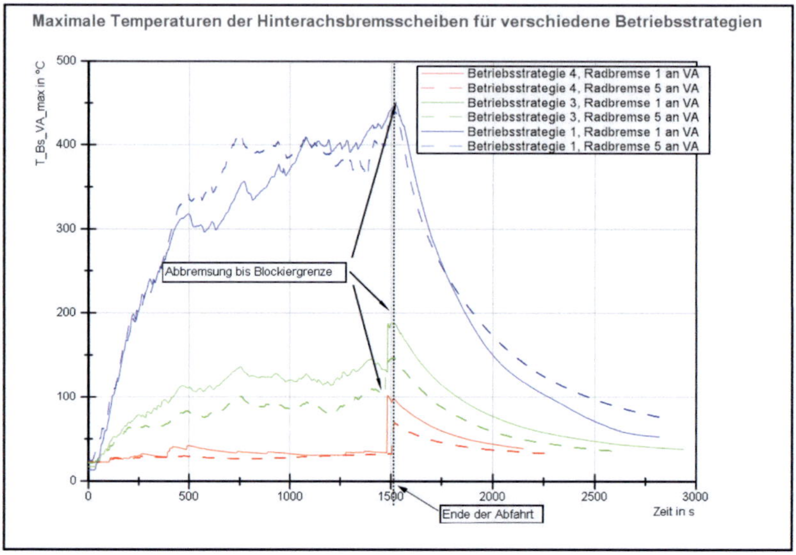

Abb. 12.4: Temperaturverläufe der Hinterachsbremsscheiben bei der Großglockner-Passabfahrt, Fahrzeug A

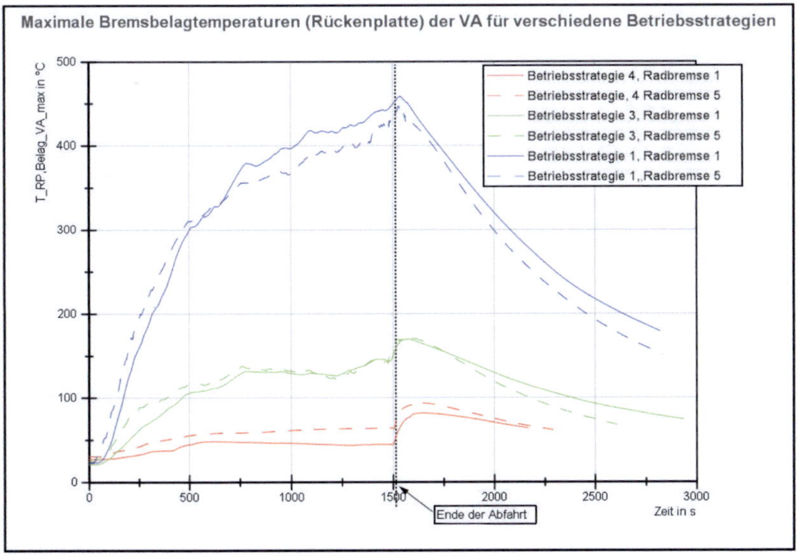

Abb. 12.5: Temperaturverläufe der Vorderachsbremsbeläge (Rückenplatte) bei der Großglockner-Passabfahrt, Fahrzeug A

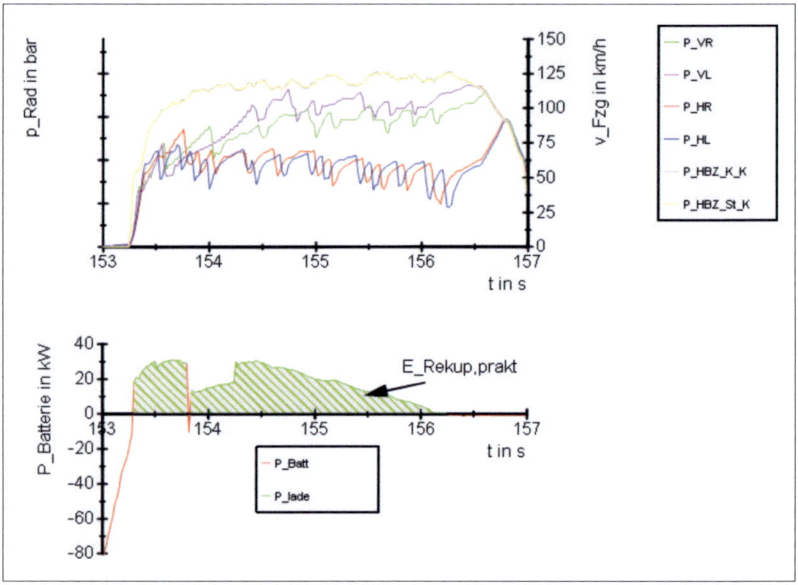

Abb. 12.6: ABS-Regelbremsung mit Rekuperation im Bremswegtest, Fahrzeug C

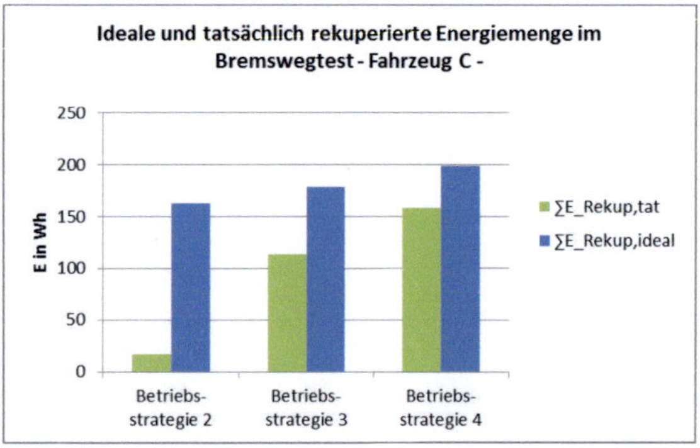

Abb. 12.7: Ideale und tatsächlich rekuperierte Energiemenge im Bremswegtest, Fahrzeug C

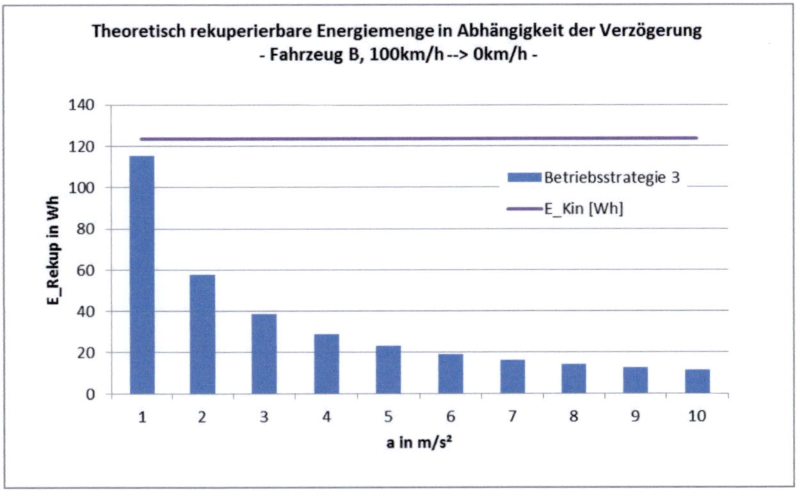

Abb. 12.8: Theoretische Rekuperationsenergie in Abhängigkeit der Verzögerung, Fahrzeug B

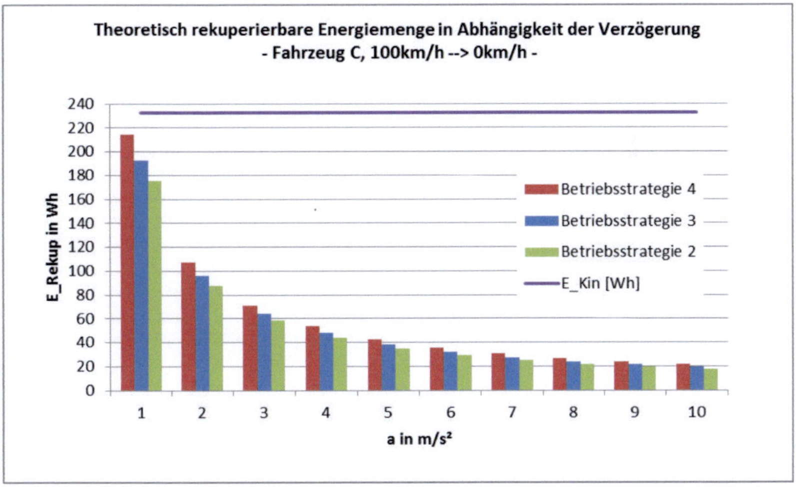

Abb. 12.9: Theoretische Rekuperationsenergie in Abhängigkeit der Verzögerung, Fahrzeug C

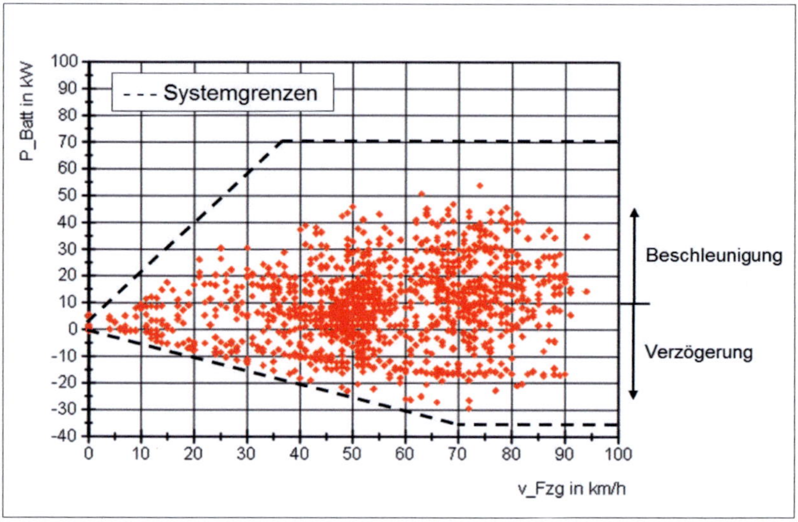

Abb. 12.10: Antriebs- und Rekuperationsleistung im Kundenbetrieb, Fahrzeug A

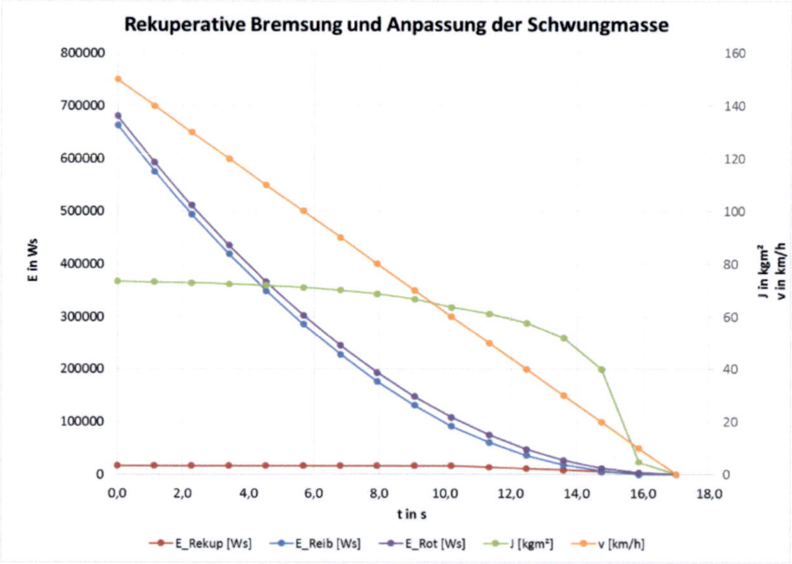

Abb. 12.11: Rekuperative Bremsung aus 150 km/h in den Stillstand und Anpassung der Schwungmasse bei einer Rekuperationsleistung von 30 kW

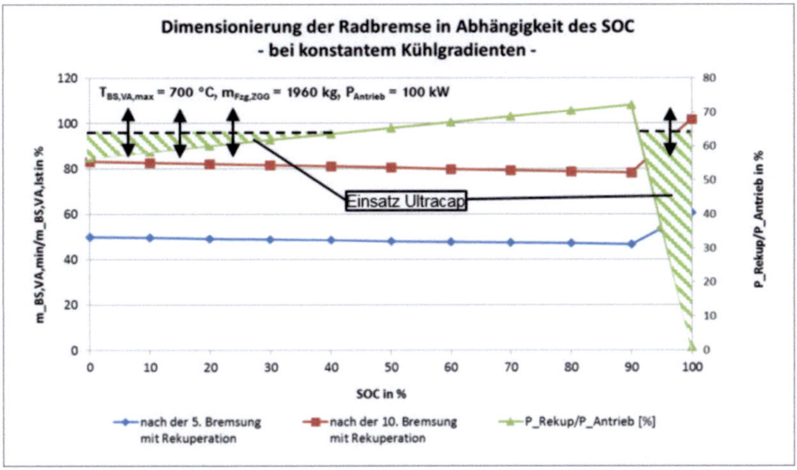

Abb. 12.12: Mögliche Einsatzfenster eines Ultracaps in Abhängigkeit des SOC

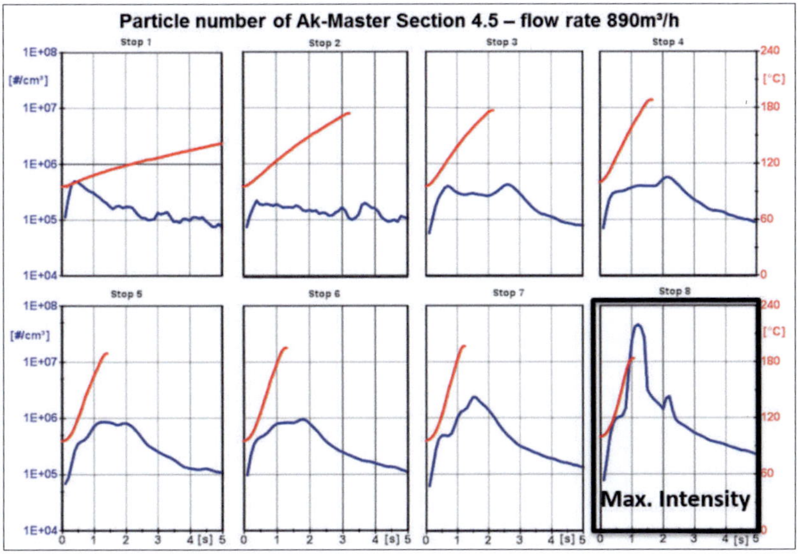

Abb. 12.13: Einfluss des Bremsdrucks auf die Partikelanzahl [52]

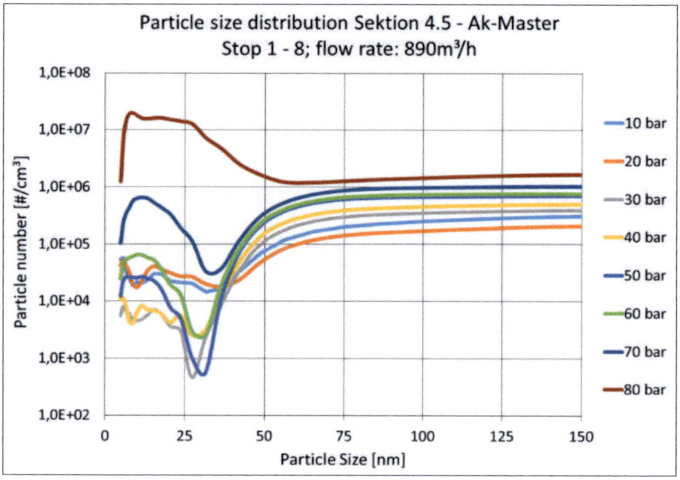

Abb. 12.14: Einfluss des Bremsdrucks auf die Partikelanzahl und –größenverteilung [52]